westermann

Heinz Frisch, Erwin Lösch, Erich Renner

Zerspanungsmechanik

Lernfelder 5 bis 8

Lernsituationen, Technologie, Technische Mathematik

3. Auflage

Bestellnummer 42139

service@westermann.de
www.westermann.de

Bildungsverlag EINS GmbH
Ettore-Bugatti-Straße 6-14, 51149 Köln

ISBN 978-3-427-**42139**-9

westermann GRUPPE

Inhaltsverzeichnis

Lernfeld 5

1 Funktionszusammenhänge beim Zerspanen auf Werkzeugmaschinen . . . 5
- A Zerspankraft . . . 5
- B Zeitspanungsvolumen (Zerspanleistung) . . . 6
- C Spanungsverhältnis . . . 6
- D Schnittgeschwindigkeit und Drehzahl . . . 7
- E Überlastung der Maschine . . . 8
- F Spanbildung . . . 9
- G Standzeit . . . 10
- H Aufbauschneide . . . 10
- I Oberflächengüte . . . 11
- K Fertigungszeit und Fertigungskosten . . . 11
  - • Berechnungen zum Spanungsquerschnitt, zum Zeitspanungsvolumen und zur Schnittkraft . . . 12
  - • Berechnungen zur Schnitt- und Maschinenleistung . . . 13

2 Schneidstoffe . . . 15
- A Bezeichnungen von Wendeschneidplatten . . . 15
- B Belastungen und Anforderungen . . . 16
- C Arten der Schneidstoffe . . . 16
- D Bezeichnungen harter Schneidstoffe . . . 17
- E Beschichtete Schneidwerkzeuge . . . 17
  - • Vergleichsrechnungen . . . 18

3 Schleifen . . . 19
- A Zweck . . . 19
- B Schleifscheibe . . . 19
- C Schleifmittel . . . 19
- D Körnung . . . 20
- E Bindung (Bindemittel) . . . 20
- F Härte . . . 21
- G Gefüge . . . 22
- H Normung einer Schleifscheibe . . . 22
- I Aufspannen der Schleifscheibe . . . 22
- K Schleifverfahren . . . 23
- L Schnittgeschwindigkeit . . . 23
  - • Berechnungen zur Schnittgeschwindigkeit beim Schleifen . . . 24

4 Prüfen . . . 25
- A Messfehler . . . 25
- B Messunsicherheit . . . 25
- C Messmittelfähigkeit . . . 26
- D Prüfmittelüberwachung . . . 26

5 Lernsituation: Abtriebsdeckel . . . 27
- Information . . . 27
- A Spiralkegelgetriebe . . . 27
- B Werkstückkanten . . . 30
- Planung . . . 31
- Ausführung . . . 34
- Kontrolle . . . 36
- Bewertung . . . 36

Lernfeld 6

1 Warten und Inspizieren von Werkzeugmaschinen . . . 37
- A Instandhaltung . . . 37
- B Ziele der Instandhaltung . . . 37
- C Begriffe der Instandhaltung . . . 38
- D Instandhaltungskonzepte . . . 39
- E Wartung von Werkzeugmaschinen . . . 41
- F Inspizieren von Werkzeugmaschinen . . . 42
- G Schadensanalyse . . . 43

2 Lernsituation: Warten nach Schmierplan . . . 44
- Information . . . 45
- A Schmierung . . . 45
- B Kühlschmierstoffe . . . 46
- Planung . . . 47
- Ausführung . . . 48
- Kontrolle . . . 48
- Bewertung/Dokumentation . . . 48

3 Lernsituation: Warten und Inspizieren von Führungen . . . 49
- Information . . . 50
- Planung . . . 51
- Ausführung . . . 51
- Kontrolle . . . 51
- Bewertung/Dokumentation . . . 51

4 Lernsituation: Warten und Inspizieren eines Zahnradgetriebes . . . 52
- Information . . . 53
- A Getriebe . . . 53
- B Lager . . . 55
- C Dichtungen . . . 56
- D Warten und Inspizieren des Spiralkegelgetriebes . . . 57
- Planung . . . 60
- Ausführung . . . 61
- Kontrolle . . . 61
- Bewertung/Dokumentation/Präsentation . . . 61

Lernfeld 7

1 Steuern und Regeln . . . 62
- A Unterschied Steuern – Regeln . . . 63
- B Wichtige Begriffe des Steuerns und Regelns . . . 63

2 Pneumatische Steuerung . . . 64
- A Pneumatische Anlage . . . 64
- B Verdichter . . . 65
- C Arbeitsglieder (Zylinder und Motoren) . . . 65
- D Ventile (Steuer- und Stellglieder) . . . 66
- E Wegeventile . . . 66
- F Stromventile . . . 67
- G Sperrventile . . . 68
- H Schaltplan . . . 68
- I Funktionsdiagramm (Weg-Schritt-Diagramm) . . . 69
- K GRAFCET (Funktionsplan nach DIN EN 60848) . . . 69
- L Ablaufsteuerung und logische Verknüpfungen . . . 70
  - • Berechnungen zur Kolbenkraft . . . 71

3 Lernsituation: Inbetriebnehmen einer elektropneumatischen Steuerung . . . 72
- Information . . . 72
- Orientierung . . . 73
- Planung . . . 75
- Ausführung . . . 76
- Kontrolle . . . 76
- Dokumentation . . . 76

4 Lernsituation: Speicherprogrammierbare Steuerung (SPS) . . . 77
- Information . . . 77
- A Arbeitsweise einer SPS . . . 78
- B Einfache Verknüpfungssteuerungen . . . 79
- C Ablaufsteuerungen . . . 80
- D GRAFCET (DIN EN 60848) . . . 80
- E Realisierung der Ablaufsteuerung mit einer SPS . . . 81
- Planung . . . 82
- Ausführung . . . 82

Kontrolle ... 83
Bewertung ... 83

5 Lernsituation: Hydraulik 1 ... 84
Information ... 84
A Komponenten einer Hydraulikanlage ... 85
B Hydropumpen ... 85
C Hydrozylinder ... 87
D Druckventile ... 88
E Wegeventile ... 88
Planung ... 89
Ausführung ... 89
Kontrolle ... 90

6 Lernsituation: Hydraulik 2 ... 91
Information ... 91
A Hydromotoren ... 91
B Stromventile ... 92
Planung ... 93
Ausführung ... 93
Kontrolle ... 94
Bewertung ... 94

Lernfeld 8

1 Grundlagen der NC-Technik ... 95
A Vergleich: Konventionelle Maschine – numerisch gesteuerte Maschine ... 95
B Koordinatensysteme ... 96
C Übungen mit Koordinatensystemen ... 96
D Bezugspunkte ... 97
E Regelkreise ... 98
F Steuerungsarten ... 98
G Fotoelektrische Wegmesssysteme ... 99
H Kugelgewindetrieb ... 99

2 CNC-Fräsen ... 100
A Übungen mit absoluten Maßen ... 100
B Übungen mit Kreisinterpolation ... 101
C Programmierübung ohne Werkzeugbahnkorrektur ... 102
D Werkzeugbahnkorrektur ... 104
E Programmierübung mit Werkzeugbahnkorrektur ... 104
F Werkzeugspeicher ... 105

3 Lernsituation: CNC-Fräsen mit Zyklen ... 106
Information ... 106
Planung ... 108
A Konturpunktberechnung ... 108
B Arbeitsplan mit Schnittdaten ... 109
C Einspannen ... 109
D Planung der Programmierung ... 109
Ausführung ... 110
Kontrolle ... 111
Bewertung ... 112

4 Projekt Uhr ... 113

5 Programmieraufgabe mit Unterprogramm ... 116
A CNC-Fräsen: Werkzeuge und Schnittdaten ... 119
B Formeln zur Berechung von Drehzahl und Vorschubgeschwindigkeit ... 119

6 CNC-Drehen ... 120
A Übungen mit Koordinaten ... 120
B Werkzeuge und Schnittdaten ... 120
C Nullpunktverschiebung ... 121
D G-Funktionen ... 122
E Programmierübung mit Abspanzyklus ... 122
F Schneidenradiuskorrektur ... 123
G Programmierübung mit Gewinde ... 124
H Programmierübung mit Rundungen ... 125
I Programmierübung mit Innendrehen und Stechzyklus ... 126
J Programmierübung Schachfigur ... 128

7 Projekt Flanschlager ... 129

Problemstellung:

Bei Schrupparbeiten mit einer Drehmaschine bricht die Schneide des Drehmeißels. Welche Ursachen können dafür vorliegen?

A Zerspankraft*

① Die Zerspankraft F ist die Kraft, die beim Zerspanungsvorgang insgesamt aufgewendet werden muss. Sie ist die resultierende Gesamtkraft aller am Werkzeug auftretenden Teilkräfte. Stellen Sie diese Teilkräfte und ihre Wirkungen fest.

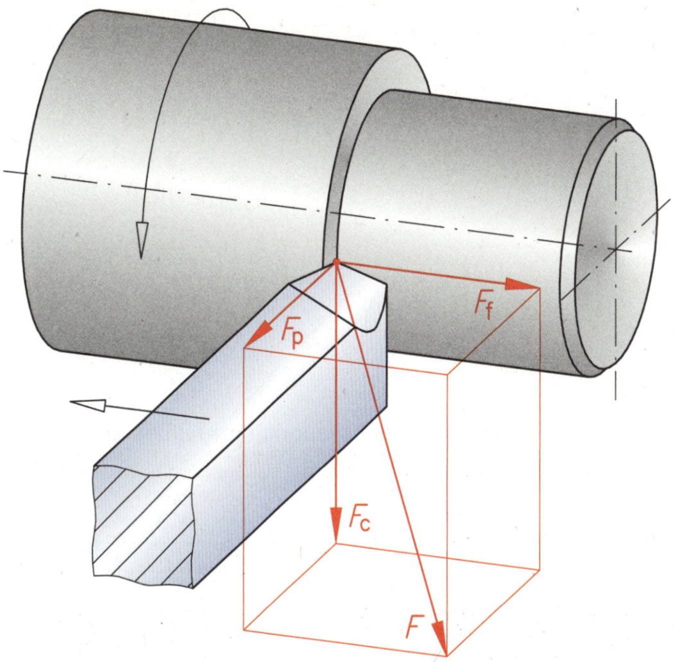

Kurz-zeichen	Bezeichnung	Wirkung auf Werkzeug	Wirkung auf Werkstück
	Schnittkraft		
	Vorschubkraft		
	Passivkraft		

② Welche Abhängigkeiten gelten für diese Kräfte?

a) Die **Schnittkraft** ist abhängig von

b) Die **Vorschubkraft** ist abhängig von

c) Die **Passivkraft** ist abhängig von

* Die Funktionszusammenhänge werden am Beispiel Drehen dargestellt.

③ Welche Folgerung für die Größe der Zerspankraft F lässt sich aus der Zeichnung ableiten?

Die **Zerspankraft** F ist umso größer, je ______________________

____

B Zeitspanungsvolumen (Zerspanleistung)

① Was versteht man unter dem Zeitspanungsvolumen?

____

____

____

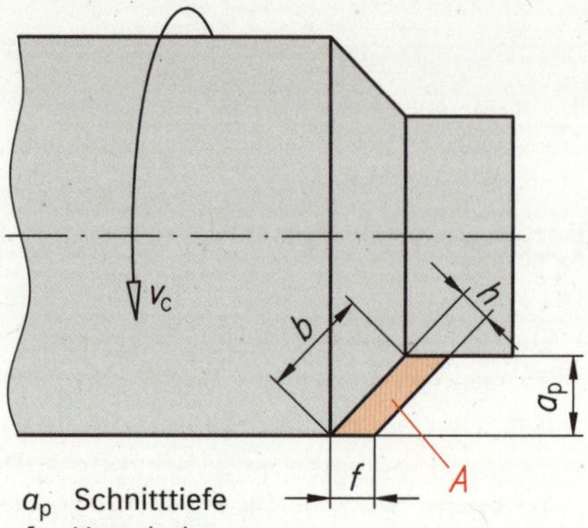

a_p Schnitttiefe
f Vorschub
b Spanungsbreite
h Spanungsdicke
A Spanungsquerschnitt
$A = a_p \cdot f$
$A = b \cdot h$

② Mit welcher Formel kann das Zeitspanungsvolumen errechnet werden?

Zeitspanungsvolumen (Q) = ______________________

③ Wie kann das Zeitspanungsvolumen (Zerspanleistung) also erhöht werden?

a) ______________________

b) ______________________

C Spanungsverhältnis

① Was kann durch die Wahl der richtigen Schnittdaten (Schnitttiefe, Vorschub, Einstellwinkel, Schnittgeschwindigkeit) verbessert werden?

____

____

____

____

____

② Was versteht man unter dem Spanungsverhältnis G?
Das Spanungsverhältnis wird mit der Formel $G = \frac{a_p}{f}$ ausgedrückt.
Erläutern Sie diese Formel.

____

____

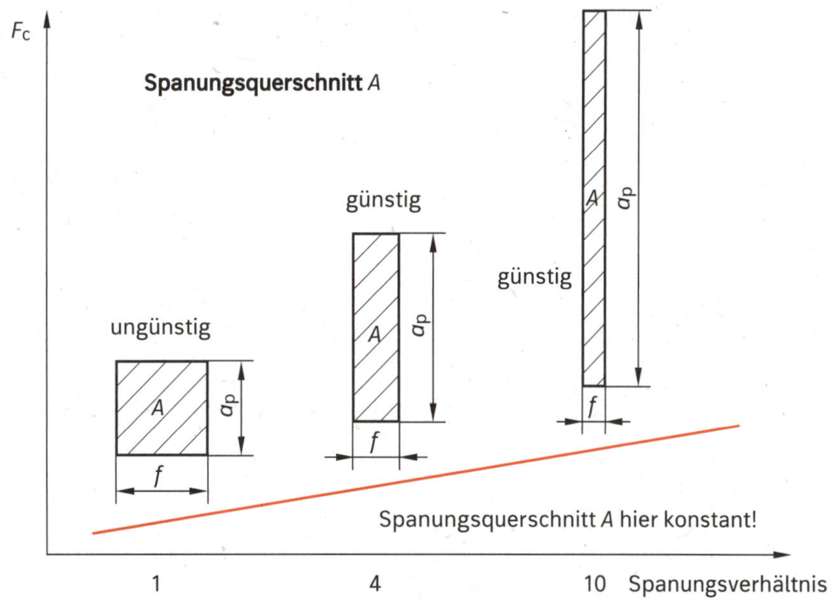

③ Welches Spanungsverhältnis G hat sich in der Praxis als günstig herausgestellt?

Bevorzugte Werte: ______

④ Gegeben sind der Vorschub $f = 0{,}5$ mm und der Spanungsquerschnitt $A = 2$ mm^2. Berechnen Sie das Spanungsverhältnis G und stellen Sie fest, ob es günstig ist.

⑤ Begründen Sie folgende Aussagen mithilfe der Abbildung oben:

Ein kleines Spanungsverhältnis ist für die Schnittkraft günstiger.

Für eine hohe Standzeit ist ein großes Spanungsverhältnis günstiger.

D Schnittgeschwindigkeit und Drehzahl

① Welche Faktoren beeinflussen die Wahl der Schnittgeschwindigkeit?

② Mögliche und günstige Schnittgeschwindigkeiten lassen sich Tabellenbüchern entnehmen. An Werkzeugmaschinen wird jedoch meist nicht die Schnittgeschwindigkeit, sondern die Drehzahl (Umdrehungsfrequenz) eingestellt. Entsprechend der Formel $v_c = d \cdot \pi \cdot n$ muss dabei auch der Werkstückdurchmesser berücksichtigt werden. Drehzahldiagramme erleichtern die Bestimmung der richtigen Drehzahl.

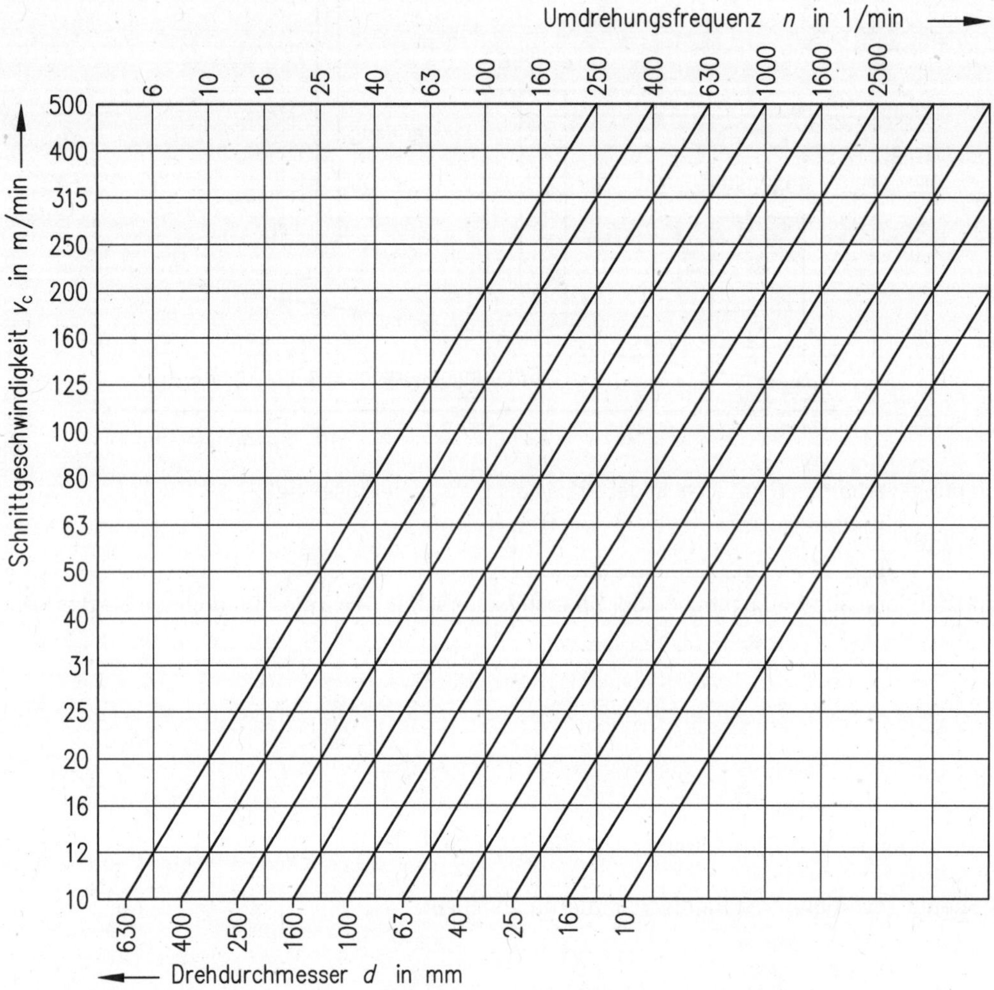

Ermitteln Sie für die folgenden Schnittgeschwindigkeiten und Durchmesser die entsprechenden Drehzahlen. (Ziehen Sie dazu evtl. Geraden im Diagramm.) Wenn der Schnittpunkt von Durchmesser- und Schnittgeschwindigkeitslinie nicht auf einer Drehzahllinie liegt, wählen Sie die nächstniedrigere Drehzahl.

v_c	d	n
50 m/min	40 mm	______ $\frac{1}{min}$
80 m/min	100 mm	______ $\frac{1}{min}$
315 m/min	63 mm	______ $\frac{1}{min}$

E Überlastung der Maschine

Mit welchen technischen Vorkehrungen kann eine Überlastung der Werkzeugmaschine durch zu hohe Schnittkraft vermieden werden?

F Spanbildung

Um einen störungsfreien Fertigungsablauf bei Dreharbeiten zu erreichen, sind bestimmte Spanformen notwendig.

① Kreuzen Sie die Spanformen an, die für den Fertigungsablauf vorteilhaft sind.

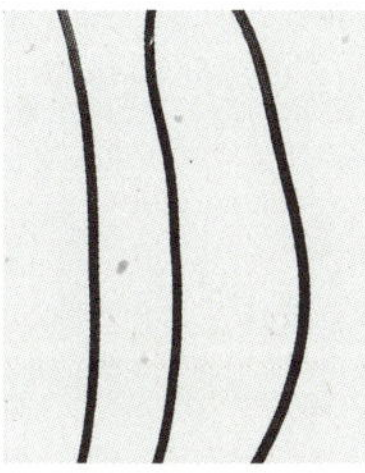
Bandspan

Wendelspan lang

Wirrspan

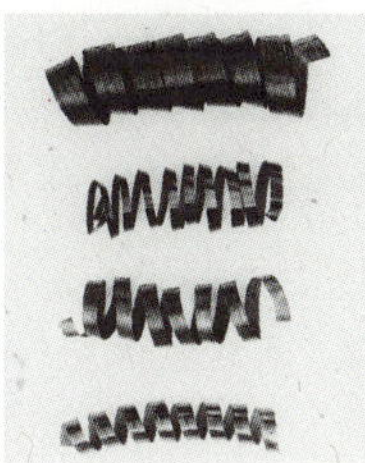
Wendelspan kurz

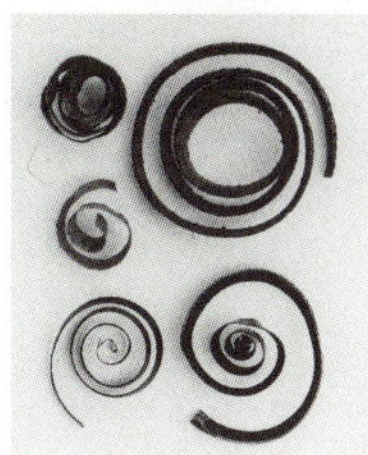
Spiralspan

Spiralspan-stücke

② Wodurch wird die Spanbildung beim Drehen beeinflusst?

a) Werkstück: ______________________

____

b) Werkzeug: ______________________

____

c) Maschineneinstellung: ______________________

____

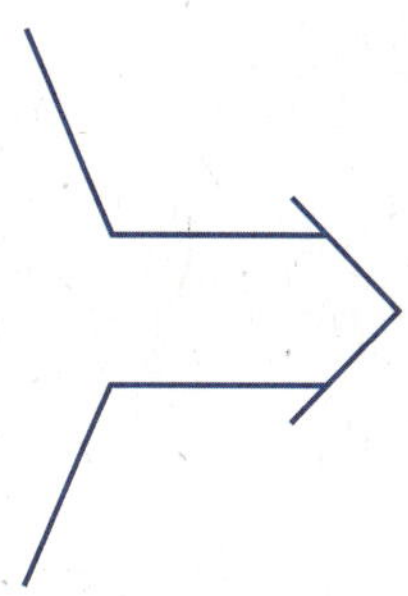

Spanbildung

③ Benenen Sie die abgebildeten Spanarten und geben Sie deren jeweilige Kennzeichen an.

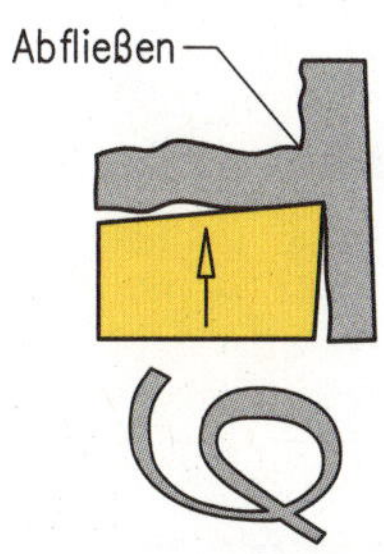

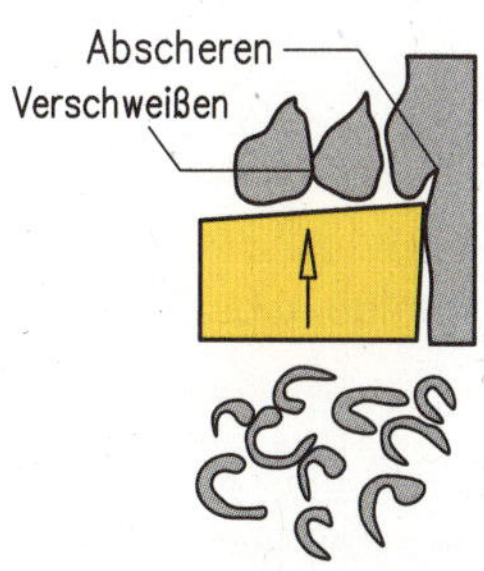

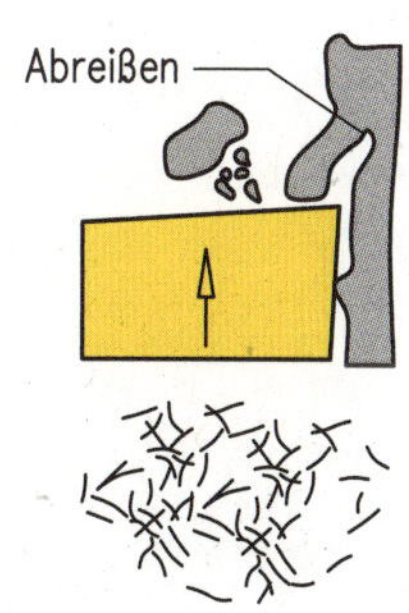

Spanart: ______________________ ______________________ ______________________

Kennzeichen: ______________________ ______________________ ______________________

______________________ ______________________ ______________________

______________________ ______________________ ______________________

G Standzeit

① Was versteht man unter der Standzeit einer Werkzeugschneide?

Wann ist die Standzeit einer Werkzeugschneide überschritten?

② Welche Faktoren beeinflussen hauptsächlich die Standzeit?

a)

b)

c)

d)

e)

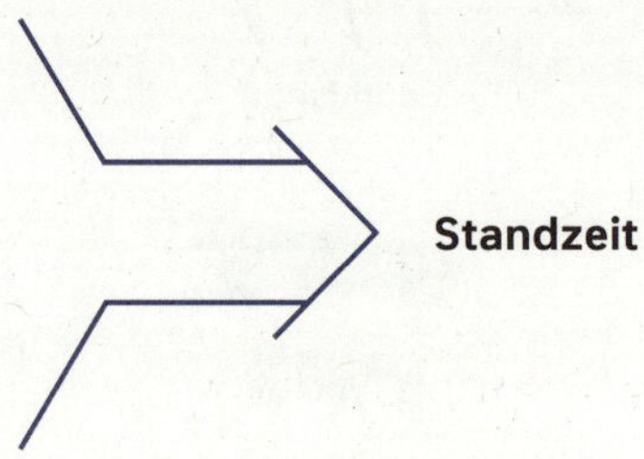

③ Welche Folgen hat eine abgenutzte Werkzeugschneide

für das **Werkstück**?

für die **Werkzeugmaschine**?

H Aufbauschneide

① Wie entsteht eine Aufbauschneide?

Eine Aufbauschneide entsteht, wenn

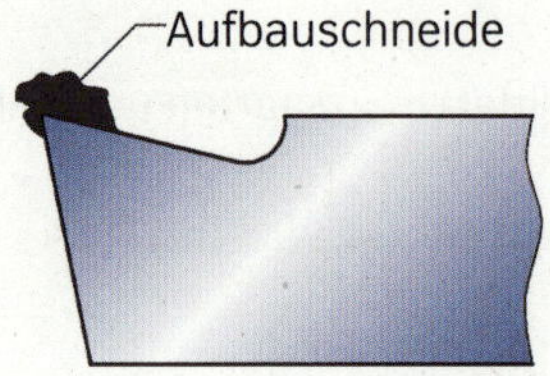

Beispiel: Drehmeißel

② Welche Ursachen kann eine Aufbauschneide haben?

a)

b)

c)

③ Welche Nachteile hat eine Aufbauschneide?

I Oberflächengüte

Die Oberfläche eines abgedrehten Teils ist rau und unsauber.
Welche Ursachen können dafür vorliegen?

a) ______
b) ______
c) ______
d) ______
e) ______
f) ______
g) ______

raue, unsaubere Oberfläche

K Fertigungszeit und Fertigungskosten

① „Zeit ist Geld." Dieser bei der Produktion häufig zitierte Satz zielt vor allem darauf ab, dass Arbeitslöhne und Werkzeugmaschinen in unserem Land verhältnismäßig teuer sind.
Ergänzen Sie die folgenden Sätze, die mit diesem wirtschaftlichen Sachverhalt zu tun haben.

a) Die Konkurrenzfähigkeit eines Betriebs hängt u. a. ab von ______

b) Der Preis eines Werkstücks hängt u. a. ab von ______

c) Je kleiner die Fertigungszeit ist, umso ______

d) Ein Betrieb legt deshalb in der Regel Wert darauf, ______

② Wodurch könnte beim Drehen eines Werkstücks die Fertigungszeit grundsätzlich gesenkt werden?

a) ______
b) ______
c) ______
d) ______
e) ______
f) ______

Senkung der Fertigungs-zeit

③ Warum sind diese Maßnahmen nicht immer durchführbar?

______

______

Berechnungen zum Spanungsquerschnitt, zum Zeitspanungsvolumen und zur Schnittkraft

Eine spanabhebende Werkzeugmaschine arbeitet umso wirtschaftlicher, je größer das Volumen (mm³ oder cm³) aller Späne ist, das sie in einer bestimmten Zeit (1 min) vom Werkstück abheben kann ≙ Zeitspanungsvolumen.

	Spanungsquerschnitt	Zeitspanungsvolumen	Schnittkraft
Drehen	$A = a_p \cdot f$ [mm²]	$Q = A \cdot v_c$ $\left[\frac{cm^3}{min}\right]$	$F_c = A \cdot k_c \cdot C_1 \cdot C_2$ [N]
Bohren	$A = \frac{d \cdot f}{4}$ [mm²]	$Q = A \cdot v_c$ $\left[\frac{cm^3}{min}\right]$	

A Spanungsquerschnitt (beim Bohren je Schneide)
a_p Schnitttiefe (Zustellung)
f Vorschub je Umdrehung

Q Zeitspanungsvolumen
v_c Schnittgeschwindigkeit
F_c Schnittkraft
k_c spezifische Schnittkraft in N/mm² (abhängig von Spanungsdicke; s. Tab.buch)

C_1 Korrekturfaktor für den Schneidstoff (s. Tab.buch)
C_2 Korrekturfaktor für den Schneidenverschleiß (s. Tab.buch)

① Eine Welle aus S 235 mit ⌀ 100 mm wird in einem Schnitt auf ⌀ 96 gedreht. Die Schnittgeschwindigkeit ist 200 m/min, der Vorschub 0,3 mm, die spez. Schnittkraft beträgt lt. Tabelle (bei einem Einstellwinkel von 90°) 2 184 N/mm². Berechnen Sie
a) die Drehzahl, b) den Spanungsquerschnitt, c) das Zeitspanungsvolumen, d) die Schnittkraft.

② In einen Stahlflansch aus S235JR werden Löcher mit ⌀ 15 mm gebohrt. Die Schnittgeschwindigkeit beträgt 30 m/min, der Vorschub 0,4 mm, die spez. Schnittkraft 2500 N/mm². Berechnen Sie
a) die Drehzahl, b) den Spanungsquerschnitt, c) das Zeitspanungsvolumen, d) die Schnittkraft (je Schneide).

Berechnungen zur Schnitt- und Maschinenleistung

Drehen und Fräsen

Schnittleistung
Drehen

$$P_c = F_c \cdot v_c$$

Fräsen

$$P_c = z_e \cdot F_c \cdot v_c$$

P_c Schnittleistung in kW
F_c Schnittkraft in N
v_c Schnittgeschwindigkeit in m/min
z_e Anzahl der Schneiden im Eingriff

Antriebsleistung
(Maschinenleistung)

$$P_1 = \frac{P_c}{\eta}$$

P_1 Antriebsleistung der Maschine in kW
η Wirkungsgrad der Maschine

① Ein Spannbolzen aus C15 wird in einem Span von ⌀ 70 auf ⌀ 64 abgedreht. Die Schnittgeschwindigkeit wird mit 200 m/min und der Vorschub 0,3 mm gewählt. Der Einstellwinkel ist 90°.

a) Berechnen Sie die Schnittleistung und die benötigte Antriebsleistung der Maschine, wenn der Wirkungsgrad bei 0,72 liegt.

b) Wie verhalten sich die Werte, wenn der Einstellwinkel von 90° auf 42° verändert wird?

Spanungsbreite: ______

Spanungsdicke: ______

Spanungsquerschnitt: ______

Zeitspanungsvolumen: ______

Spezifische Schnittkraft: ______

Schnittleistung: ______

c) Rechnen Sie die letzte Aufgabe mit den gleichen Schnittdaten noch einmal. Gehen Sie jetzt von einem Einstellwinkel von 42° aus.

d) Berechnen Sie bei dem kleineren Einstellwinkel von 42° die Erhöhung der Antriebsleistung der Maschine in Prozent.

② Ein Werkstück aus S 235 mit einer Breite von 80 mm und einer Länge von 150 mm soll 2,5 mm tief überfräst werden. Der Fräser aus HSS hat einen Durchmesser von 100 mm und 8 Schneiden. Die Schnittgeschwindigkeit wird 35 m/min und der Vorschub f_z 0,08 mm gewählt. Berechnen Sie die Drehzahl, den Vorschub, die Schnitt- und Maschinenleistung. Der Wirkungsgrad der Maschine beträgt 0,75. (Besorgen Sie sich notwendige Formeln und Tab.werte aus Ihrem Tabellenbuch!)

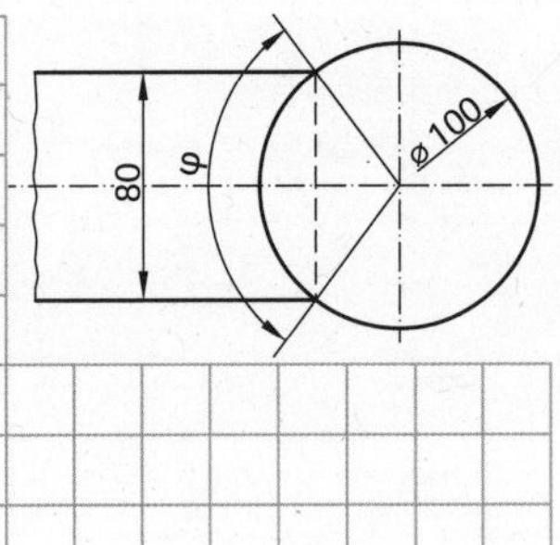

A Bezeichnungen von Wendeschneidplatten

Beim Drehen und Fräsen werden meist Werkzeuge mit Wendeschneidplatten verwendet. Dabei unterscheidet man die Schneidrichtung: R = rechtsschneidend; L = linksschneidend; N = neutral.

① Benennen Sie folgende Plattenformen:

A, B, K 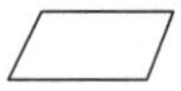 ____________________

C, D, E, F, G, M, V  ____________________

H, W 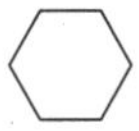 ____________________

L 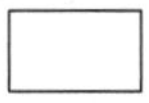 ____________________

O 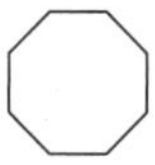 ____________________

P 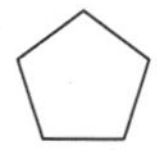 ____________________

R 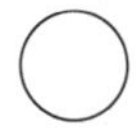 ____________________

S 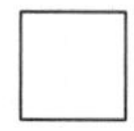 ____________________

T 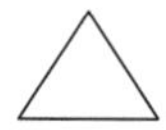 ____________________

X ____________________

② Die vollständige Norm einer Wendeschneidplatte ist ziemlich lang. Informieren Sie sich an folgendem Beispiel:

C	N	M	H	12	04	08	E	N	P10
Plattenform	Freiwinkel	Toleranzen	Plattentyp (Befestigung und Spanbrecher)	Plattengröße	Plattendicke	Eckenradius	Schneidkanten-ausführung	Vorschubrichtung	Schneidstoff
1	2	3	4	5	6	7	8	9	10

Erläutern Sie mithilfe von Tabellenbuch oder Werkzeugkatalog die oben stehende Norm einer Wendeschneid-platte.

C ____________________

N ____________________

M ____________________

H ____________________

12 ____________________

04 ____________________

08 ____________________

E ____________________

N ____________________

P10 ____________________

B Belastungen und Anforderungen

① Welchen Belastungen ist die Werkzeugschneide beim Zerspanungsvorgang ausgesetzt?

a) ______________________

b) ______________________

c) ______________________

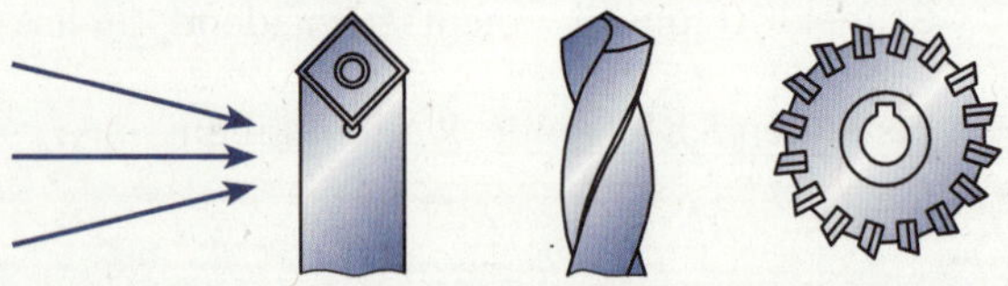

② Welche Eigenschaften muss eine Werkzeugschneide haben, um diesen Belastungen standhalten zu können?

Anforderungen an Werkzeugschneide

- ______________________
- ______________________
- ______________________
- ______________________
- ______________________
- ______________________

C Arten der Schneidstoffe

Welche Schneidstoffe werden im Metallbereich heute verwendet?

Schneidstoffe	Zusammensetzung		Verwendung (zerspante Werkstoffe)

D Bezeichnungen harter Schneidstoffe

① Was bedeuten die folgenden Kennbuchstaben und Kennfarben bei harten Schneidstoffen?

P (Kennfarbe ________) ≙ ________________

M (Kennfarbe ________) ≙ ________________

K (Kennfarbe ________) ≙ ________________

N (Kennfarbe ________) ≙ ________________

S (Kennfarbe ________) ≙ ________________

H (Kennfarbe ________) ≙ ________________

② Ordnen Sie die Hartmetalle M 20, M 40 und M 10 nach den folgenden Angaben.

zunehmende Verschleiß-festigkeit bzw. Sprödigkeit ↑ ________ / ________ / ________ ↓ zunehmende Zähigkeit

Welche Regeln können Sie der Ziffernfolge entnehmen?

Je niedriger die Zahlen, umso ________ die Verschleißfestigkeit und Sprödigkeit.

Je niedriger die Zahlen, umso ________ die Schnittgeschwindigkeit.

Je höher die Zahlen, umso ________ der Vorschub.

E Beschichtete Schneidwerkzeuge

① Aus welchen Schichten besteht die skizzierte Wendeschneidplatte?

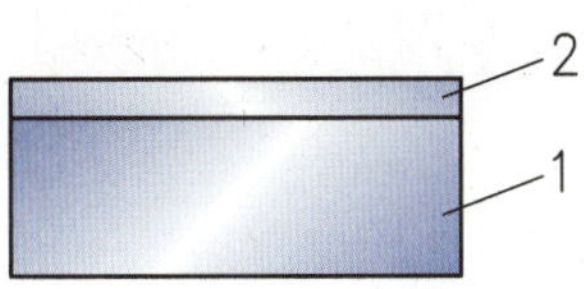

1 ________________

2 ________________

Dicke: ________

② Welchen Zweck hat die Beschichtung?

Zweck ________________ / ________________ / ________________

③ Welche Werkstoffe werden zur Beschichtung verwendet?

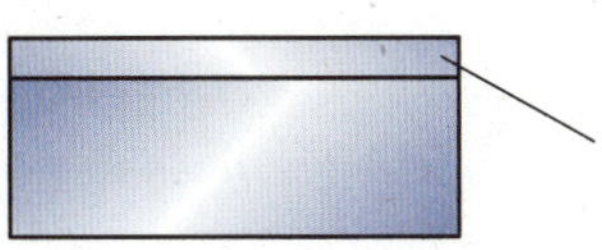

________________ / ________________ / ________________

④ Welche Werkzeuge werden vorwiegend beschichtet?

____

____

Vergleichsrechnungen

Eine Welle aus **Gusseisen** soll abgedreht werden. Für die Dreharbeit stehen Drehmeißel mit unterschiedlichen Schneidstoffen zur Verfügung: HSS unbeschichtet – HSS beschichtet – Wendeschneidplatte aus Schneidkeramik – beschichtete Hartmetall-Wendeschneidplatte.

① Ermitteln Sie mithilfe Ihres Tabellenbuchs die empfohlenen Schnittgeschwindigkeiten für diese Schneiden (Durchschnittswerte entnehmen!).

Schneidenwerkstoff	**Schnittgeschwindigkeit**
HSS unbeschichtet	______ m/min
HSS beschichtet	______ m/min
Wendeschneidplatte aus Schneidkeramik	______ m/min
Wendeschneidplatte aus beschichtetem HM	______ m/min

② Ermitteln Sie – ausgehend von HSS unbeschichtet, um wievielfach die Schnittgeschwindigkeit bei den übrigen Schneidenwerkstoffen höher liegt.

Das Abdrehen mit dem unbeschichteten HSS dauert 15 s. In welcher Zeit wird die Welle abgedreht, wenn Drehmeißel mit den anderen Werkzeugschneiden verwendet werden?

Höhere Schnittgeschwindigkeiten verkürzen die Fertigungszeit und senken dadurch die Poduktionskosten.

Problemstellung:

Die Schlitten an einer Drehmaschine (Bett-, Plan-, Oberschlitten) werden in Schwalbenschwanzführungen bewegt.

a) Welche Anforderungen werden an die Führungsflächen gestellt?

b) Mit welchen Verfahren lassen sich solche Führungsflächen herstellen?

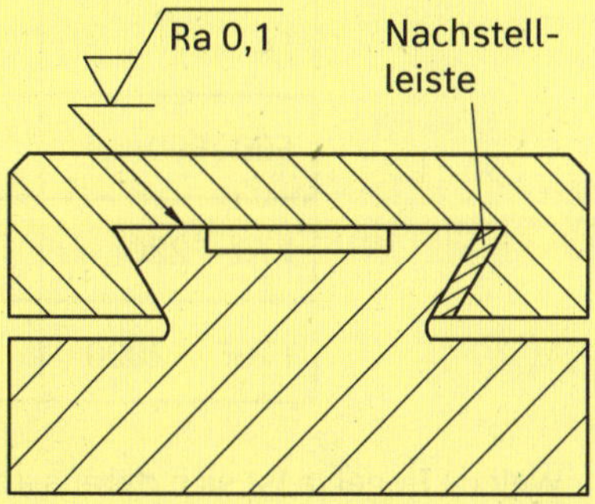

c) Was bedeutet das Zeichen √Ra 0,1?

A Zweck

Welche besonderen Eigenschaften können Werkstücke durch Schleifen erhalten?

geschliffene Werkstücke <

B Schleifscheibe

Woraus bestehen Schleifscheiben?

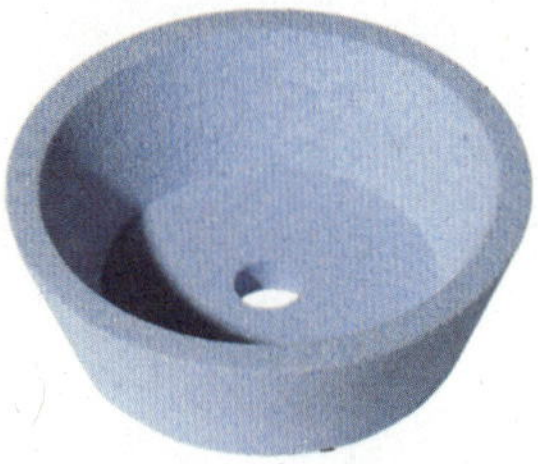

C Schleifmittel

Die heute vorwiegend verwendeten Schleifmittel sind: Siliciumkarbid, Edelkorund (Elektrokorund), Diamant, Bornitrid. Ordnen Sie diese in die Tabelle ein.

steigende Härte ↑

Schleifmittel	chem. Kurzz.	Normzeichen	natürliche Farbe	bearbeitete Werkstoffe

D Körnung

Was versteht man unter der Körnung einer Schleifscheibe?

Körnung ≙ ______________________

② Die Größe der Schleifkörner wird mit Körnungsnummern angegeben. Dabei unterscheidet man vier Klassen. Ermitteln Sie diese mithilfe des Tabellenbuchs.

F4–F24	______________ Körnung	*Rz* ≈ ________ µm
F30–F60	______________ Körnung	*Rz* ≈ ________ µm
F70–F220	______________ Körnung	*Rz* ≈ ________ µm
F230–F2000	______________ Körnung	*Rz* ≈ ________ µm

Welche Regel lässt sich daraus ablesen?

Je ______________ die **Körnungsnummer**, umso ______________ die **Körnung**.

Welche Auswirkungen hat die Körnung (Korngröße) auf die Schleifarbeit?

[______________] ⟵ **Körnung** ⟶ [______________]

Welche Regeln gelten dabei?

Je ______________ die **Körnung**, umso ______________ die **Schleifzeit**.

Je ______________ die **Körnung**, umso ______________ die **Oberfläche**.

E Bindung (Bindemittel)

① Welche Aufgabe hat die Bindung?

____

② Welche Arten von Bindemitteln werden hauptsächlich verwendet? Notieren Sie neben die Kurzzeichen die ausführliche Benennung und besondere Eigenschaften.

Kurzzeichen	ausführliche Benennung	Eigenschaften
V		
B BF		
R RF		
M		
G		

F Härte

Was versteht man unter der Härte einer Schleifscheibe?

Unter der Härte einer Schleifscheibe versteht man ______________________

____

„**Harte**“ Bindungen ≙ ______________________

„**Weiche**“ Bindungen ≙ ______________________

Die Härte von Schleifscheiben bezeichnet man mit Buchstaben von A bis Z. Ermitteln Sie mithilfe des Tabellenbuchs die Bedeutung der folgenden Kennbuchstaben.

A–D	
E–G	
H–K	
L–O	
P–S	
T–W	
X–Z	

Welche Regel gilt für die Auswahl von Schleifscheiben hinsichtlich ihrer Härte?

Harte Werkstoffe verlangen ____________ Schleifscheiben.

Weiche Werkstoffe verlangen ____________ Schleifscheiben.

Begründen Sie diese Regel.

____

____

____

____

G Gefüge

Was versteht man unter dem Gefüge einer Schleifscheibe?

Gefüge ≙ ____________________

____

② Die unterschiedlichen Gefüge von Schleifscheiben bezeichnet man mit Ziffern von 0 bis 14 (in Sonderfällen bis 30). Ordnen Sie die Gefügezahlen 0, 7, 14 unter dem angegebenen Gesichtspunkt.

sehr offenes Gefüge (große Porenräume) ↑ ________ ________ ________ ↓ sehr dichtes Gefüge

Welche Regel gilt für die Auswahl von Schleifscheiben hinsichtlich ihres Gefüges?

Je ________ Zustellung und Vorschub beim Schleifen sind, umso ________ sollte das Gefüge der Schleifscheibe sein.

H Normung einer Schleifscheibe

Was bedeutet das folgende Kurzzeichen für eine Schleifscheibe?

Schleifscheibe ISO 603-1 1 A-250 x 25 x 76-A/F54 M 4 V-50

____

I Aufspannen der Schleifscheibe

Welche Vorschriften oder Arbeitsgänge müssen beachtet werden, wenn Schleifscheiben auf Schleifspindeln aufgespannt werden?

a) ____________________

b) ____________________

c) ____________________

d) ____________________

e) ____________________

f) ____________________

g) ____________________

K Schleifverfahren

Schleifverfahren werden bezeichnet nach der Form, die das **Werkstück** erhält. Wie bezeichnet man danach die beiden dargestellten Schleifverfahren?

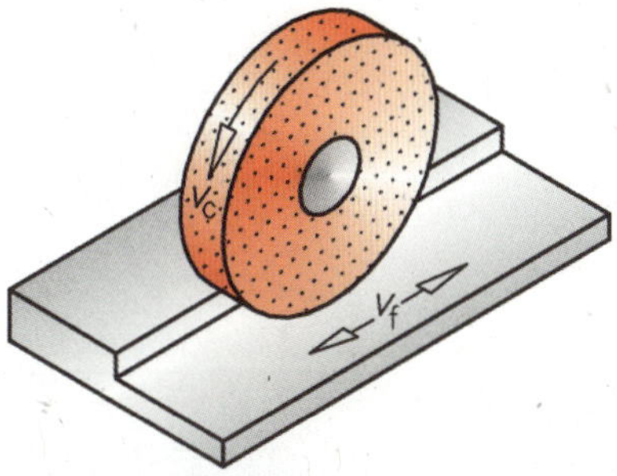

____

Wie werden die Werkstücke auf dieser Schleifmaschine gespannt?

____

____

____

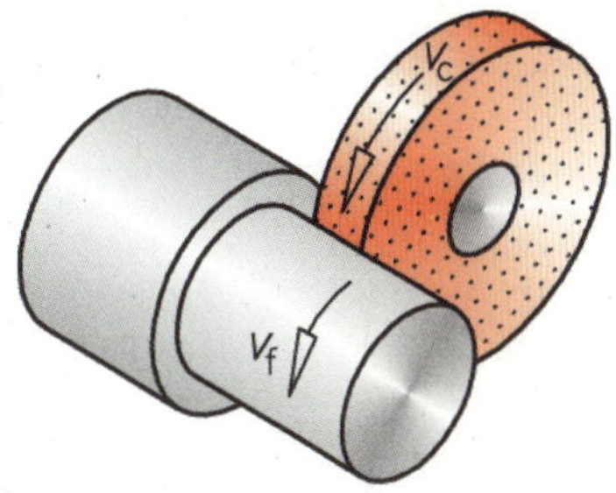

____

Wie werden die Werkstücke auf dieser Schleifmaschine gespannt?

____

____

____

L Schnittgeschwindigkeit

In welcher Einheit wird die Schnittgeschwindigkeit bei den folgenden Zerspanungsverfahren angegeben?

Bohren	**Drehen**	**Schleifen**	**Fräsen**	**Bandsägen**
______	______	______	______	______

Aus Gründen des Unfallschutzes wird bei Schleifscheiben die höchstzulässige Umfangsgeschwindigkeit (≙ Schnittgeschwindigkeit) mit einem Farbstreifen angegeben, der sich quer über die Scheibe zieht. Erläutern Sie die folgenden Farben mithilfe Ihres Tabellenbuchs.

____ m/s	____ m/s	____ m/s	____ m/s	____ m/s	____ m/s	____ m/s

Berechnungen zur Schnittgeschwindigkeit beim Schleifen

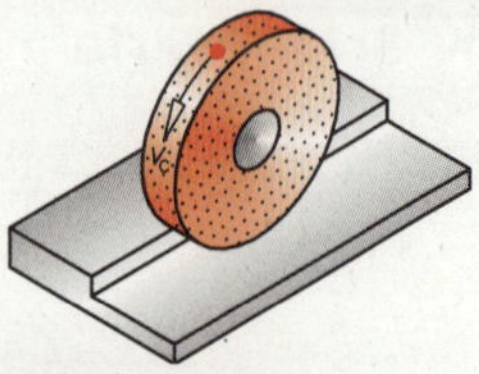

Die Schnittgeschwindigkeit beim Schleifen entspricht der Umfangsgeschwindigkeit der Schleifscheibe. Sie ist der Weg, den ein Punkt am Umfang der sich drehenden Schleifscheibe in 1 Sekunde zurücklegt.
Sie wird gemessen in m/s.

Schnittgeschwindigkeit = Kreisumfang [m] · Drehzahl $\left[\frac{1}{s}\right]$

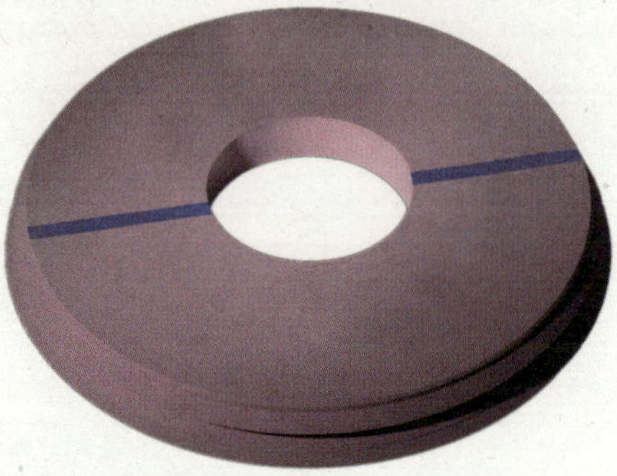

$v_c = \pi \cdot d \cdot n \quad \left[\frac{m}{s}\right]$ ☞ *d* in m, *n* pro s einsetzen!

oder

$v_c = \frac{\pi \cdot d \cdot n}{1\,000 \cdot 60} \quad \left[\frac{m}{s}\right]$ ☞ *d* in mm, *n* pro min einsetzen!

① Eine Schleifscheibe ist mit einem blauen Streifen gekennzeichnet. Die Schleifmaschine macht 4 500 Umdrehungen pro Minute, der Durchmesser der Schleifscheibe beträgt 200 mm. Wird die höchstzulässige Schnittgeschwindigkeit eingehalten?

② Die höchstzulässige Schnittgeschwindigkeit einer Schleifscheibe beträgt 35 m/s, der Durchmesser der Scheibe ist 250 mm. Wie hoch darf die Drehzahl höchstens sein?

③ Eine Schleifmaschine macht 2 800 Umdrehungen pro Minute. Die Schnittgeschwindigkeit soll höchstens 40 m/s betragen. Wie groß darf der Durchmesser der Scheibe höchstens sein?

Problemstellung:

Viele Ersatzteile müssen wegen eines schnellen und problemlosen Einbaus exakte Formen und Maße haben. Deshalb werden sie im Produktionsprozess und bei der Endabnahme strengen Kontrollen unterzogen. Trotzdem gibt es immer wieder „Ausreißer“. Auf welche drei umfassenden Ursachen lassen sich diese zurückführen?

Fehler bei

______	______	______

A Messfehler

Welche speziellen Ursachen können Messfehler haben?

	beim Messenden	beim Messgerät	beim Messstück
Messschieber 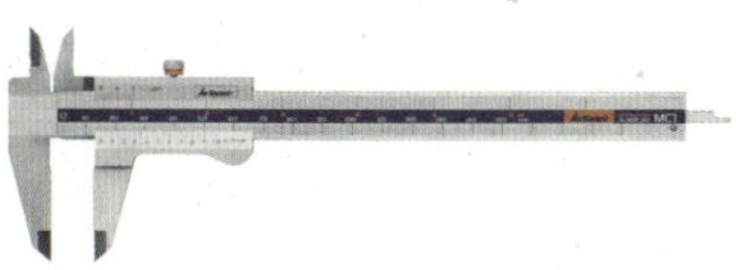			
Messschraube 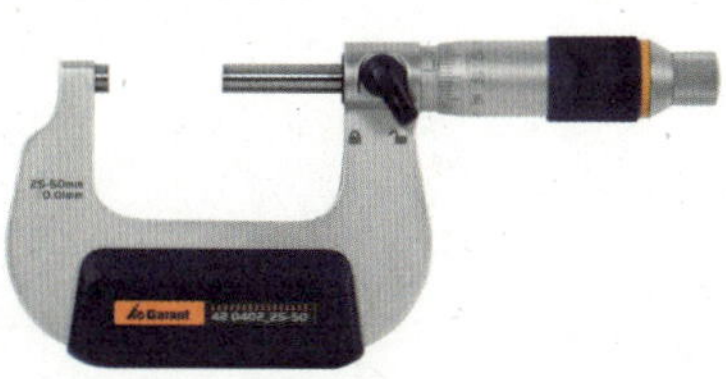			
Messuhr 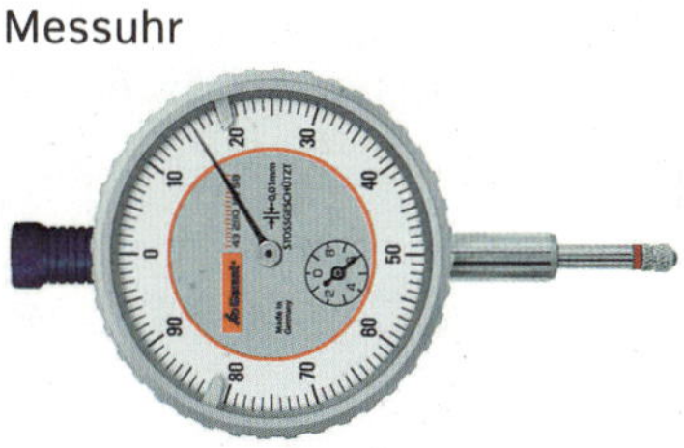			

B Messunsicherheit

Auch Messgeräte können nicht mit letzter Präzision hergestellt werden. Diese Ungenauigkeiten am Messgerät führen zu Messunsicherheiten. Sie sind bei den einzelnen Messgerätearten verschieden. Als Faustregel gilt:
Handmessgeräte: Die **Messunsicherheit** entspricht 1 **Skalenteilungswert**.
Elektron. Messgeräte: Die **Messunsicherheit** entspricht 3 **Ziffernschrittwerten**.

Wie ist demzufolge die Messunsicherheit bei

Messschiebern mit **Zwanzigstel-Nonius**? ______ mm ≙ ______ µm

Messschiebern mit **Fünfzigstel-Nonius**? ______ mm ≙ ______ µm

Messschraube? ______ mm ≙ ______ µm

Feinzeiger? ______ mm ≙ ______ µm

C Messmittelfähigkeit

Was versteht man unter der „Messmittelfähigkeit“?

Messmittelfähigkeit ≙ ______

Wann ist ein Messmittel (Messgerät) für eine Messung geeignet?

Fall 1: Ein Vierkant 40 ± 0,1 soll mit einem Messschieber (Zwanzigstel-Nonius) gemessen werden. Ist der Messschieber für die Messung geeignet (messmittelfähig)?

a) Werkstücktoleranz: ______ mm ≙ ______ µm

b) 10 % der Werkstücktoleranz: ______ mm ≙ ______ µm

c) Messunsicherheit bei Messschieber: ______ mm ≙ ______ µm

Ergebnis: ______

Fall 2: Derselbe Vierkant soll mit einer Messschraube gemessen werden. Ist die Messschraube für die Messung geeignet?

a) Werkstücktoleranz: ______ mm ≙ ______ µm

b) 10 % der Werkstücktoleranz: ______ mm ≙ ______ µm

c) Messunsicherheit bei Messschraube: ______ mm ≙ ______ µm

Ergebnis: ______

D Prüfmittelüberwachung

① Mit welchem Fachausdruck bezeichnet man die Ermittlung von systematischen Messfehlern (≙ Messabweichungen, die durch das Messgerät bedingt sind)?

Ermittlung von Messgerätefehlern

______

Welche grundsätzlichen Möglichkeiten des Kalibrierens gibt es?

③ Ähnlich dem „TÜV“ bei Kraftfahrzeugen unterliegen bei industrieller Fertigung Messgeräte einer periodischen Kontrolle ihrer Messsicherheit. Wann ist nach dem Kalibrierungs-Aufkleber die nächste Kontrolle fällig?

______

Das Spiralkegelgetriebe (vgl. S. 28) soll neue Abtriebsdeckel (Pos. 11) erhalten. Sie bekommen die Aufgabe, die Fertigung des Abtriebsdeckels zu planen und das Werkstück herzustellen. Außerdem sollen Sie Berechnungen der Materialkosten und einzelner Fertigungszeiten durchführen. Von dem Getriebe ist nur die Gesamtzeichnung vorhanden.

Informieren/orientieren Sie sich, indem Sie ...
- sich in die Gesamtzeichnung einlesen,
- sich mit der Funktion eines Kegelradgetriebes vertraut machen,
- den Werkstoff des Abtriebsdeckels ermitteln,
- sich mit der Abdichtung des Abtriebsdeckels vertraut machen,
- sich mit der Tolerierung von Werkstückkanten befassen.

Planen/entscheiden Sie, indem Sie ...
- die Teilzeichnung von Teil 11 erstellen,
- das Werkstück bemaßen,
- Toleranzen festlegen und Passmaße berechnen,
- die Oberflächen entsprechend ihrer Funktion tolerieren,
- die Bearbeitung der Kanten auswählen,
- den Arbeitsplan schreiben,
- Werkzeuge und Schnittdaten auswählen,
- die Werkstückspannung bestimmen.

Führen Sie aus, indem Sie ...
- das Werkstück fertigen,
- die Arbeitssicherheit beachten,
- die Materialkosten berechnen,
- die Fertigungszeiten berechnen.

Kontrollieren Sie, indem Sie ...
- ein Prüfprotokoll erstellen,
- das Werkstück prüfen,
- Soll- und Istmaße vergleichen,
- mögliche Abweichungen begründen.

Bewerten und dokumentieren/präsentieren Sie, indem Sie ...
- den gesamten Arbeitsablauf kritisch überdenken,
- Kritikpunkte, Verbesserungen und deren Umsetzung überlegen,
- im Fachgespräch miteinander die Arbeit noch einmal kritisch beurteilen.

Information

A Spiralkegelgetriebe

Das Spiralkegelgetriebe (vgl. S. 28) wird überholt und dabei sollen die Abtriebsdeckel (Pos. 11) erneuert werden.

① Geben Sie unter Angabe von Benennung und Pos.-Nummer den Kraftfluss durch das Getriebe an. Beginnen Sie an der Antriebsseite mit der Passfeder (Pos. 67).

Spiralkegelgetriebe haben sich in der Praxis durch hohen Wirkungsgrad infolge guter Verzahnungsverhältnisse bewährt. Sie sind geräuscharm, unempfindlich gegen Stöße und raumsparend.
Ein Facharbeiter sollte Kenntnis über Aufbau und Funktion haben, um notwendige Wartungs- und Instandhaltungsarbeiten ordnungsgemäß und sorgfältig ausführen zu können.

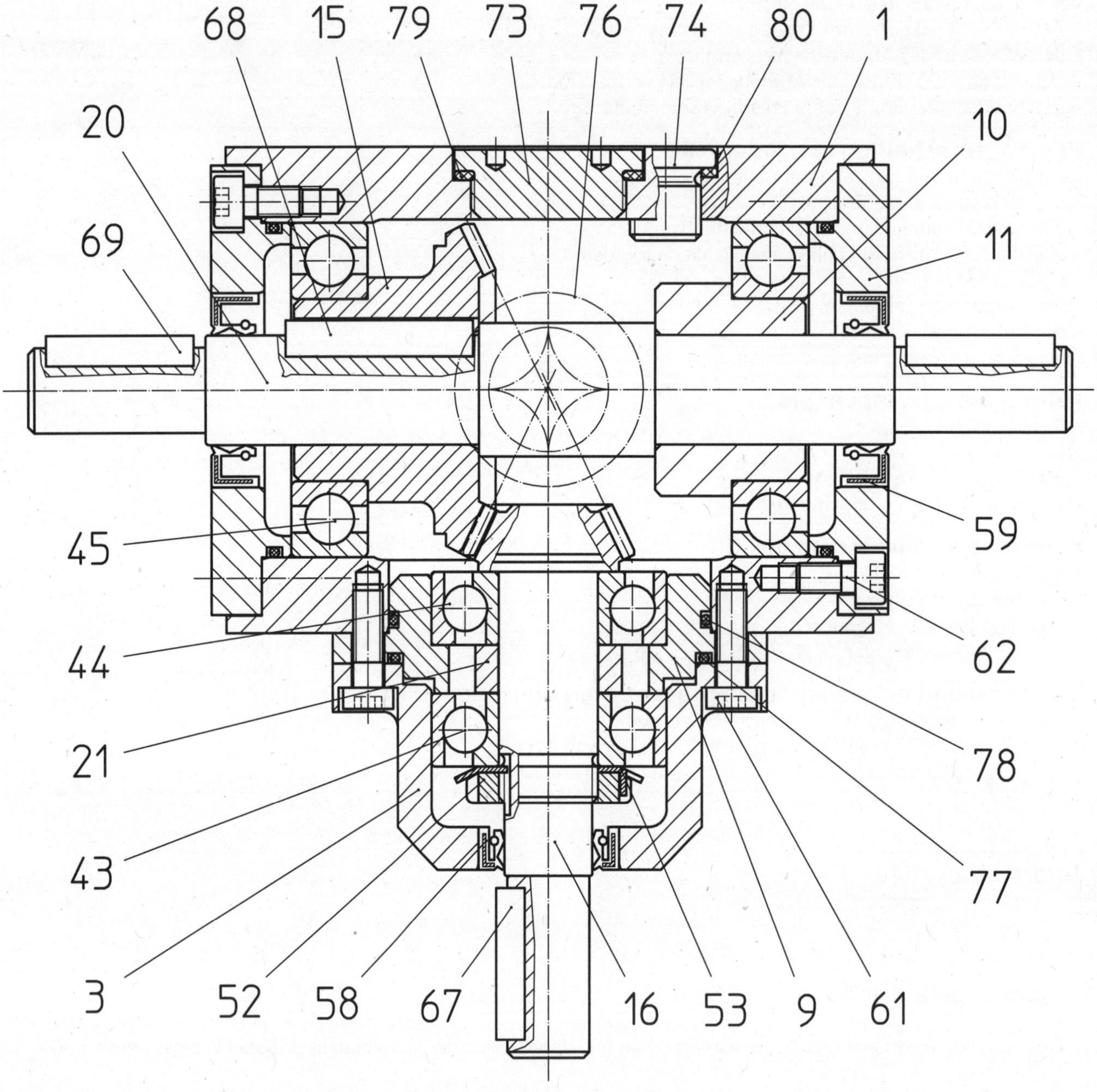

TANDLER	Zahnrad-u.Getriebefabrik GmbH & Co.KG 28201 Bremen	(roh)	b	Rz = 16	d	Rz = 1	f	Rz = 2,5
		a: Rz = 63	c	schleifen Rz = 4	e	Einstich geschl. Rmax<=4µm	g	Rz = 10
	CAD ZEICHNUNG KEINE MANUELLE ÄNDERUNG	(zul.Abw) DIN 7168 mittel	Oberfl. TN2 DIN ISO 1302	Maßstab 1:1		Gewicht (kg)		
				Spiralkegelgetriebe				

Stück	Benennung	Normblatt	Werkstoff	Pos.-Nr.	Bemerkung
1	Gehäuse		EN-AC-AlSi9	1	
1	Flanschlager		EN-GJL 220	3	
1	Lagerhalter		EN-GJL 220	9	
1	Lagerring		16 Mn Cr 5	10	
2	Abtriebsdeckel		EN-GJL 220	11	
1	Tellerrad		16 Mn Cr 5	15	$m = 2$ $z = 34$
1	Ritzel		16 Mn Cr 5	16	$m = 2$ $z = 17$
1	Abtriebswelle		C 60	20	
1	Distanzring		S 235 JR	21	
1	Schrägkugellager 7205 B	DIN 628		43	
1	Schrägkugellager 7205 B	DIN 628		44	
2	Rillenkugellager 6010	DIN 625		45	
1	Nutmutter KM 5	DIN 981		52	
1	Sicherungsblech MB 5	DIN 5406		53	
1	RWDR AS 23 x 40 x 7	DIN 3760	NBR	58	
2	RWDR AS 30 x 52 x 7	DIN 3760	NBR	59	
4	Zylinderschraube M 6 x 16	DIN 7984	8.8	61	
8	Zylinderschraube M 6 x 16	ISO 4762	8.8	62	
1	Passfeder A - 6 x 6 x 30	DIN 6885	E 335	67	
1	Passfeder A - 8 x 7 x 40	DIN 6885	E 335	68	
2	Passfeder A - 6 x 6 x 30	DIN 6885	E 335	69	
2	Verschlussschraube M 30 x 1,5	DIN 908	St	73	
6	Verschlussschraube M 12 x 1,5	DIN 908	St	74	
1	Ölauge mit Dichtung M 30 x 1,5		Cu Zn	76	
1	O-Ring 60 x 2,0	DIN 3771	NBR	77	
3	O-Ring 70 x 2,0	DIN 3771	NBR	78	
2	O-Ring 28 x 3,0	DIN 3771	NBR	79	
6	O-Ring 11 x 2,5	DIN 3771	NBR	80	

② Aus welchem Werkstoff ist der Abtriebsdeckel gefertigt? Erläutern Sie das Kurzzeichen und beschreiben Sie die weiteren genannten Punkte.

Werkstoff: ______________________________

____

____

Eigenschaften: ______________________________

____

Zerspanbarkeit: ______________________________

____

Kühlung beim Zerspanen: ______________________________

____

③ Welche Schneidstoffe sind für die Bearbeitung dieses Werkstoffs besonders gut geeignet?

____

④ Welches Passmaß erhält die Bohrung für den Einbau des Wellendichtrings (Pos. 59)?

____

⑤ Bestimmen Sie die Schnurstärke des O-Rings (Pos. 78) aus seiner Benennung.

Schnurstärke	Nuttiefe statisch	Nutbreite
______	1,55 +0,05	2,7 +0,2

B Werkstückkanten

Der Kantenzustand an Bauteilen nach DIN ISO 13715 richtet sich nach der Funktion eines Bauteils, nach montagebedingten Erfordernissen oder nach der Sicherheit vor Verletzungsgefahren.
Materialüberhang wird mit einem Pluszeichen, Materialabtragung mit einem Minuszeichen definiert.

① Nennen Sie am Abtriebsdeckel (Pos. 11) jeweils ein Beispiel dafür, warum die Kante nicht scharfkantig sein darf.

Funktionsbedingt: ______________________________

Montagebedingt: ______________________________

Sicherheitsbedingt: ______________________________

Außenkante

② Tolerieren Sie die Form der Außenkante ohne Grat, Abtragung max. 0,3 mm

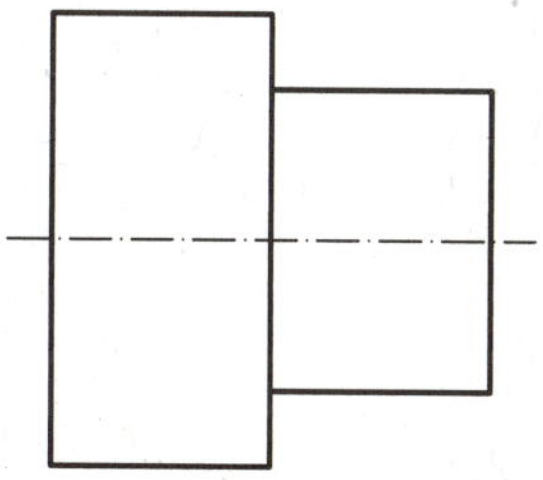

③ Zeichnen Sie die Sammelangabe für alle Außenkanten, Abtragung max. 0,5 mm

Mögliche Ausführung ohne Grat

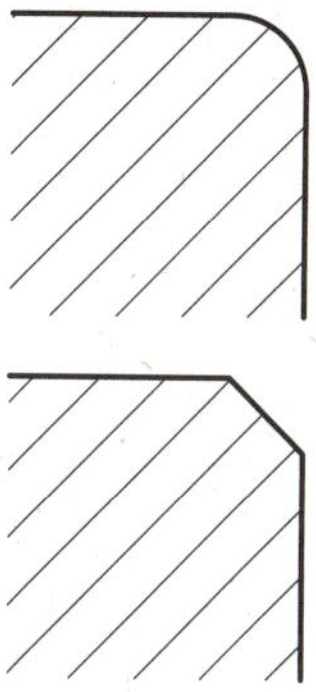

Innenkante

④ Tolerieren Sie die Form der Innenkante mit Übergang max. 0,3 mm

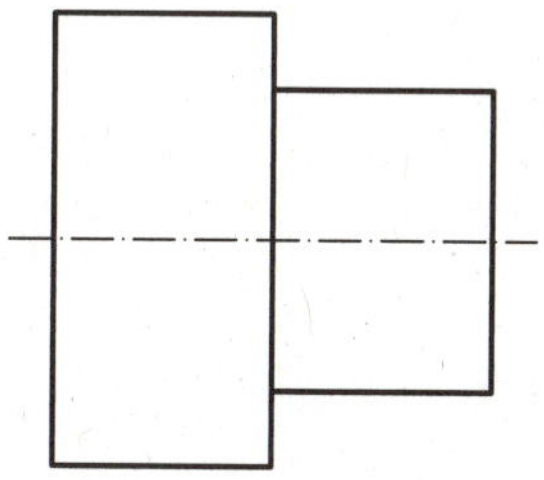

⑤ Zeichnen Sie die Sammelangabe für alle Innenkanten, Übergang von 0,3...0,6 mm

Mögliche Ausführung mit Übergang

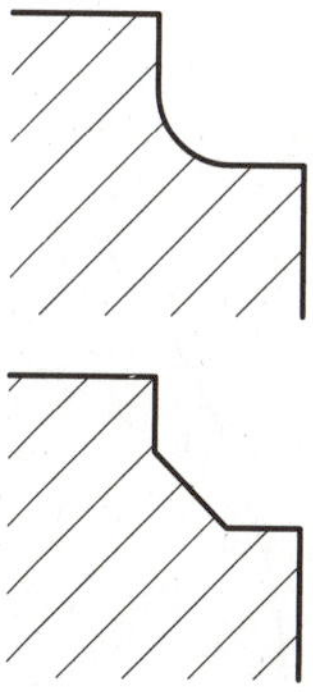

Planung

Planen Sie die Fertigung des Abtriebsdeckels.
Das Rohteil erhalten Sie mit Durchmesser 105 mm und einer Länge von 19,5 mm.

① Erstellen Sie auf S. 32 die Teilzeichnung der Abtriebswelle (Pos. 11) des Spiralkegelgetriebes (S. 28) im Maßstab 1:1. Zeichnen Sie die Vorderansicht im Vollschnitt und die Draufsicht.
Der Außendurchmesser beträgt ø 102 j7, das Einbaumaß ø 80j6, die Einbautiefe 5 ± 0,02 und die gesamte Breite 16,5 mm.
Die übrigen Maße sind den Normteilen funktionsgerecht anzupassen oder selbstständig zu bestimmen. Das Werkstück erhält zwei Gewindebohrungen M6 zum Abdrücken vom Getriebegehäuse.

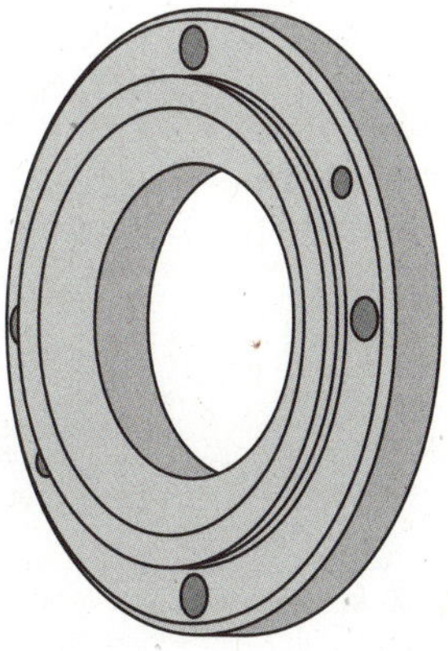

② Bemaßen Sie das Werkstück funktionsgerecht.

③ Tragen Sie die Passmaße mit oberem und unterem Abmaß in die Tabelle ein und bestimmen Sie die Allgemeintoleranz.

④ Tragen Sie die Oberflächenangaben in die Zeichnung ein. Die Oberflächen mit Passmaßen sollen mit R_z 10 und alle übrigen bearbeiteten Oberflächen mit R_z 63 toleriert werden.

⑤ Tragen Sie eine Sammelangabe für die Bearbeitung der Außenkanten in die Zeichnung ein.
Alle Außenkanten mit Abtragung zwischen 0,2 und 0,4 mm.

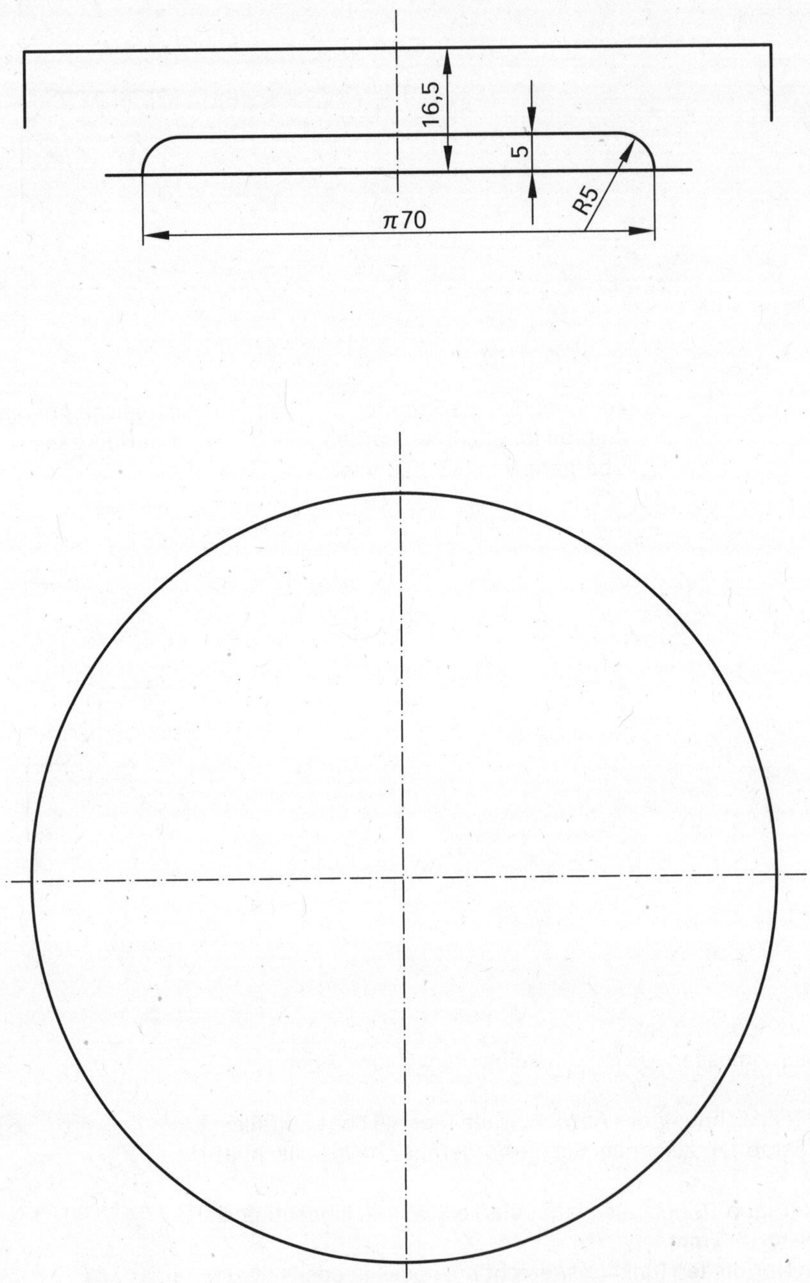

102j7		
80 j6		
52 H8		
Passmaß	ob. Abmaß	unt. Abmaß
DIN ISO 2768		

Abtriebsdeckel

⑥ Erstellen Sie eine Vorplanung zur Herstellung des Abtriebsdeckels.
  a) Legen Sie die Fertigungsverfahren und ihre Arbeitsfolge fest.
  b) Bestimmen Sie die Spannmittel und skizzieren Sie das Werkstück in die Spannmittel.
  Das Rohteil hat folgende Abmessungen: Außendurchmesser 105 mm, Länge 19,5 mm.

a) Fertigungsverfahren:

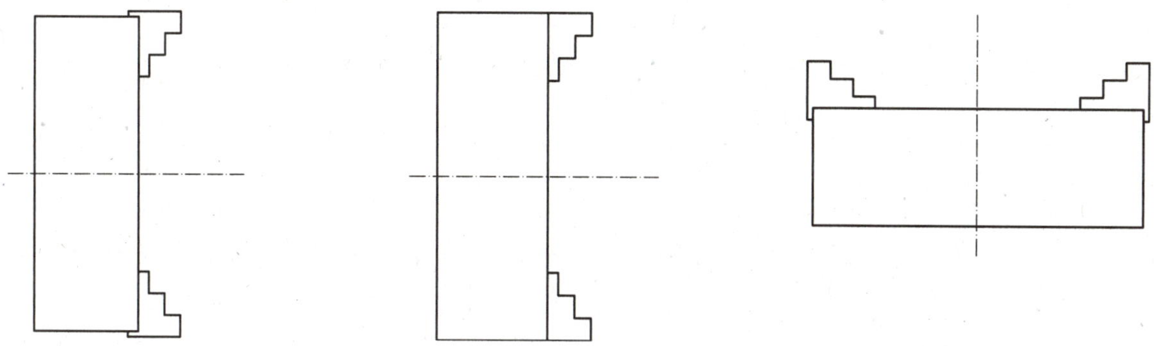

b) Spannmittel:

⑦ Erstellen Sie den Arbeitsplan für das Drehen des Abtriebsdeckels.

Arbeitsplan für:	Zeichnungs-Nr.	Stückzahl:
Fertigungsverfahren	Maschine:	Datum:
Rohteil:	Werkstoff:	Ersteller:

Nr.	Arbeitsfolge	Werkzeug	Schnittgeschw.	Drehzahl	Vorschub
1					
2					
3					
4					
5					
6					
7					
8					
9					
10					
11					
12					
13					
14					
15					
16					

⑧ Erstellen Sie den Arbeitsplan für das Bohren des Abtriebsdeckels.

Arbeitsplan für:	Zeichnungs-Nr.	Stückzahl:
Fertigungsverfahren	Maschine:	Datum:
Rohteil:	Werkstoff:	Ersteller:

Nr.	Arbeitsfolge	Werkzeug	Schnittgeschw.	Drehzahl	Vorschub
1					
2					
3					
4					
5					
6					
7					
8					
9					
10					
11					
12					

Ausführung

① Fertigen Sie das Werkstück.
Beachten Sie dabei die Vorschriften und Regeln zur Arbeitssicherheit.
Kontrollieren Sie die Maße nach den einzelnen Arbeitsschritten.

② Berechnen Sie die Materialkosten für die Herstellung eines Abtriebsdeckels. Rechnen Sie mit einem Werkstoffpreis von 1 250 EUR je Tonne.

③ Berechnen Sie die Hauptnutzungszeit für das Quer-Plandrehen des Abtriebsdeckels in der ersten Aufspannung mit Schruppen und Schlichten. ($l_a = l_u = 1$ mm)

④ Berechnen Sie die Hauptnutzungszeit für die Bohrungen ø 7 mm. ($l_a = l_u = 1$ mm)

Kontrolle

① Erstellen Sie für die Qualitätskontrolle ein Prüfprotokoll für alle tolerierten Maße.

Prüfmerkmal	Sollmaß		Prüfmittel	Istmaß	Bemerkung
	Höchstmaß	Mindestmaß			

② Ermitteln Sie die jeweiligen Istmaße. Liegen die Abweichungen innerhalb der geforderten Toleranz? Notieren Sie in der Spalte Bemerkung: Ist das Werkstück „in Ordnung", ist „Nacharbeit" nötig oder ist das Werkstück „Ausschuss"?

③ Begründen Sie eventuelle Abweichungen.

④ Welche Möglichkeiten gibt es, um die tolerierten Oberflächen zu prüfen?

Bewertung

① Welche geometrische Tolerierung wurde in der bearbeiteten Aufgabe „Abtriebsdeckel" nicht angesprochen?

② Welche geometrische Tolerierung wäre am Werkstück Abtriebsdeckel aufgrund seiner Funktion noch notwendig?

③ Wenn Sie bereits Kenntnisse in der NC-Technik haben, können Sie die NC-Programme für die CNC-Drehmaschine und für die CNC-Fräsmaschine erstellen.

④ Bereiten Sie sich auf ein Fachgespräch vor, in dem Sie zusammen mit Ihren Kollegen oder Mitschülern Ihre Arbeit noch einmal kritisch bewerten.

Problemstellung:

Zeitgemäßes Qualitätsmanagement erfordert auch ein effizientes Instandhaltungsmanagement. Dabei schließt ein produzierendes Unternehmen oft mit den Herstellern seiner Maschinen eigene Instandhaltungsverträge.
Welche Bedingungen müssen solche Verträge erfüllen, damit es nicht eventuell später zu juristischen Auseinandersetzungen kommt?

____

A Instandhaltung

① Was versteht man unter Instandhaltung nach DIN EN 13306 und DIN 31051?

____

____

____

② Tragen Sie in die Darstellung die Grundmaßnahmen der Instandhaltung ein.

____

______________	______________	______________	______________
Maßnahmen, die den Abbau des vorhandenen Abnutzungsvorrats (z. B. Gleitlager) verzögern	Maßnahmen, die den Istzustand feststellen, die Ursachen der Abnutzung ermitteln und notwendige Konsequenzen für die künftige Nutzung festlegen	Maßnahmen, die den funktionsfähigen Zustand wiederherstellen	Maßnahmen, die der technischen Verbesserung, der Steigerung von Wirtschaftlichkeit und Sicherheit und einer geringeren Abnutzung dienen
↓ Beispiele	↓ Beispiele	↓ Beispiele	↓ Beispiele

B Ziele der Instandhaltung

① Welche wirtschaftlichen Ziele verfolgt die Instandhaltung?

____

____

____

② Welche humanitären Ziele hat die Instandhaltung?

____

____

____

③ Welche ökologischen Ziele hat die Instandhaltung?

____

____

C Begriffe der Instandhaltung

① Die Bauteile in technischen Systemen haben meist nur eine begrenzte Nutzungszeit. Was versteht man dabei unter „Abnutzung“ und „Abnutzungsvorrat“?

② Bei der Abnutzung unterscheidet man drei Ursachen: Verschleiß, Alterung, Korrosion. Erläutern Sie diese Ursachen.

③ Die Abnutzung erfolgt nicht gleichmäßig über die Nutzungsdauer. Erklären Sie anhand der Zeichnung die drei Phasen der Verschleißkurve eines Gleitlagers.

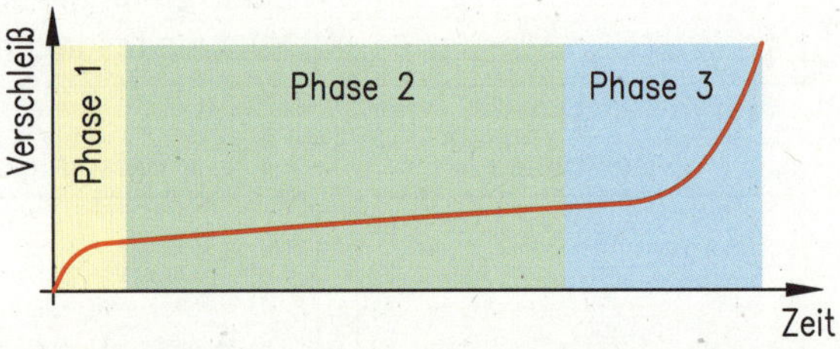

D Instandhaltungskonzepte

Bei der Wahl der geeigneten Instandhaltungsstrategie für eine Anlage muss man zwischen der erforderlichen Zuverlässigkeit und dem dafür notwendigen Aufwand abwägen. Erkären Sie die drei verschiedenen Instandhaltungskonzepte und nennen Sie jeweils die Vor- und Nachteile.

① **Intervallabhängige Instandhaltung (vorbeugende Instandhaltung)**

Erklärung:

Vorteile:

Nachteile:

② **Zustandsabhängige Instandhaltung (vorbeugende Instandhaltung)**

Das Bild zeigt den schematischen Aufbau eines „intelligenten" Drehmeißels: Sensoren an den acht Freiflächen messen den Verschleiß.

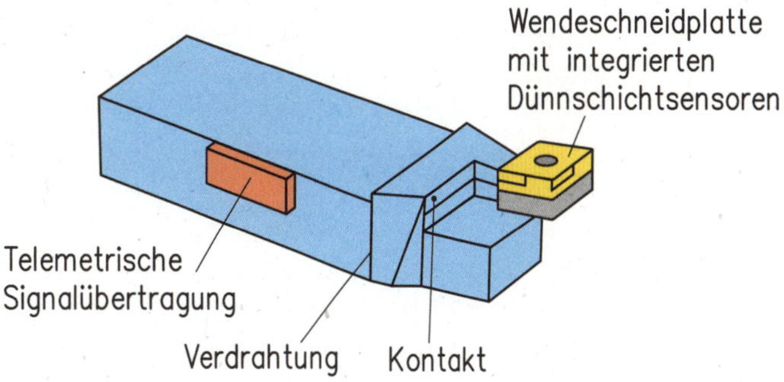

Erklärung:

Vorteile:

Nachteile:

③ **Störungsbedingte Instandhaltung (korrektive Instandhaltung)**

Erklärung:

Vorteile:

Nachteile:

E Wartung von Werkzeugmaschinen

① Die Wartung ist eine vorbeugende (präventive) Instandhaltungsmaßnahme.
Welchem Zweck dient das Warten von Werkzeugmaschinen?

② Wann und von wem sollen die regelmäßigen Wartungsarbeiten durchgeführt werden?
Welche Wartungsintervalle sind bei Werkzeugmaschinen üblich?

③ Weshalb soll nach jeder Wartung eine Funktionsprüfung erfolgen?

④ Warum sind Dokumentation und Protokollführung bei der Wartung von Maschinen wichtig, wenn rechtliche Streitigkeiten geklärt werden müssen?

⑤ Erläutern Sie die rechtlichen Begriffe „Garantie", „gesetzliche Gewährleistung" und „Produkthaftung".

F Inspizieren von Werkzeugmaschinen

① Weshalb werden an Werkzeugmaschinen Inspektionen durchgeführt?

② Welche drei Inspektionsarten werden unterschieden und zu welchem Zeitpunkt erfolgen sie jeweils?

Inspektionsart	Zeitpunkt

③ Bei der Ermittlung des Ist-Zustands einer Werkzeugmaschine kommen verschiedene Vorgehensweisen zum Einsatz. Nennen Sie einige subjektive und objektive Methoden.

Subjektive Methoden:

Objektive Methoden:

④ Nennen Sie einige physikalische Größen, die durch Messungen erfasst werden können.

G Schadensanalyse

Schäden an Bauteilen einer Maschine werden entweder rechtzeitig bei einer Inspektion erkannt oder zeigen sich an einer aufgetretenen Störung.

① Wozu dient die anschließende Schadensuntersuchung?

② Trotz erfolgter Wartung von Maschinen kommt es vor, dass einzelne Bauteile brechen.
Nennen Sie einige Ursachen dafür.

Gewaltbruch

Dauerbruch

③ Bei der Beurteilung von Verschleißerscheinungen kann die Tribologie (Wissenschaft von Reibung, Verschleiß und Schmierung) hilfreich sein.
Erläutern Sie die folgenden vier Verschleißursachen.

Adhäsion:

Abrasion:

Zerrüttung:

Tribochemische Reaktion:

Als Maschinenführer warten/inspizieren Sie die Fräsmaschine gemäß Schmierplan aus der Betriebsanleitung.

Informieren/orientieren Sie sich, indem Sie ...
- Notwendigkeit und Möglichkeiten der Schmierung und Kühlschmierung erkunden,
- sich mit den Umweltschutz- und Sicherheitsvorschriften vertraut machen,
- die Wartungs- und Inspektionsanleitung in den Maschinendokumenten nachlesen.

Planen/entscheiden Sie, indem Sie ...
- die durchzuführenden Arbeiten festlegen,
- den Produktionsausfall möglichst gering halten,
- die erforderlichen Schmierstoffe und Kühlschmierstoffe bereitstellen,
- die fachgerechte Entsorgung anfallender Stoffe gewährleisten,
- mögliche Ersatzteile bereithalten,
- einen Arbeitsplan mit Checkliste erstellen.

Führen Sie die Wartung durch, indem Sie ...
- die entsprechenden Teile reinigen,
- Schmierstoff nachfüllen bzw. manuell schmieren,
- das Kühlschmiermittel erneuern,
- die anfallenden Stoffe fachgerecht entsorgen,
- abmontierte Teile wieder fachgerecht befestigen,
- die Maschine in Betrieb nehmen.

Kontrollieren Sie, indem Sie ...
- die Ölstände ablesen,
- die Funktionsfähigkeit aller Komponenten testen,
- auf Dichtheit und Sauberkeit überprüfen.

Bewerten und dokumentieren Sie, indem Sie ...
- ein Wartungsprotokoll anfertigen,
- bei aufgetretenen Verschleißerscheinungen/Veränderungen deren Ursache bestimmen,
- das momentane Instandhaltungskonzept kritisch überdenken
- organisatorische Verbesserungen suchen.

Symbol	Funktion
	Füllstand kontrollieren, nachfüllen
	Medium nachfüllen
	Medium wechseln
	Filter wechseln
	Fettpresse (3–4x Hub)
	Wartungsintervall,
	Ölsorte

	1	2	3	4	5	6	7	8
						3-4x	3-4x	3-4x
(Wartungsintervall)	50	50	2000	2000	50	8	8	8
DIN	70% H_2O + 30% Tyfocor	HLP32			G000	K2K	K2K	K2K
ISO		HM32				XM2	XM2	XM2
$(dm)^3$	9,5 20	40			1,8			
(gal)	2,6 5,5	11,1			0,5			

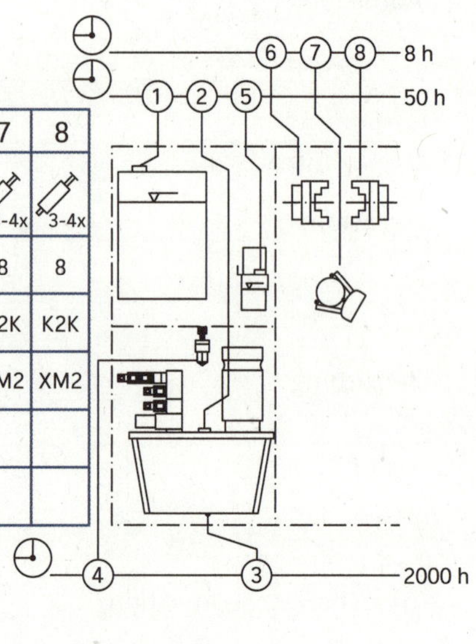

Information

A Schmierung

① Nennen Sie Zweck und Aufgabe der Schmierung.

② Welches Schmierverfahren ist hier dargestellt und was bedeuten die Symbole (nach DIN 8659)?

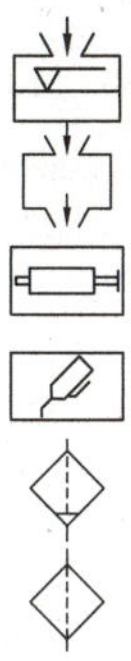

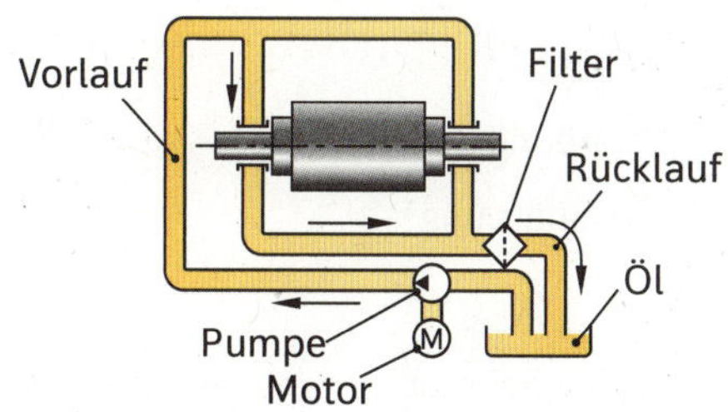

(Schmierverfahren)

③ Welche Schmierstoffe werden unterschieden?

④ Was bedeuten die beiden Kennzeichen?

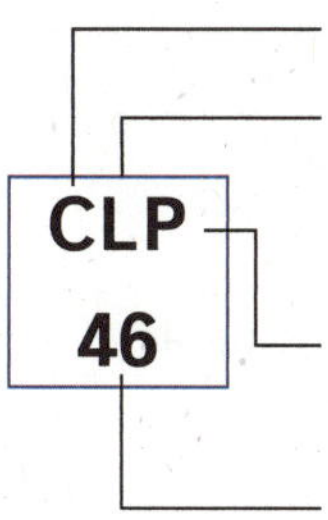

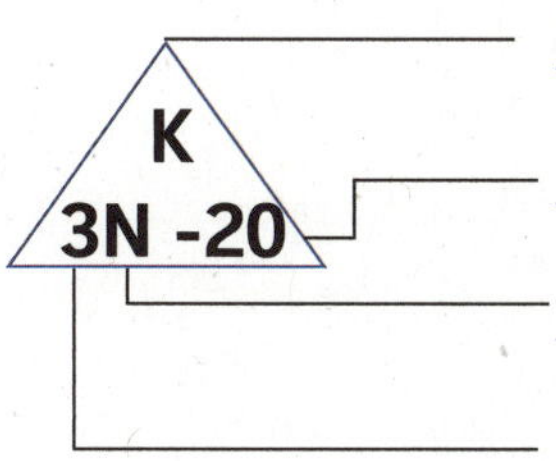

① Was versteht man bei Schmierölen unter der Viskosität, dem Stockpunkt und dem Flammpunkt?

Viskosität:

Stockpunkt:

Flammpunkt:

② Durch eine Ölprobe (ggf. im Labor) kann die Beschaffenheit eines Schmieröls beurteilt werden.
Nennen Sie jeweils mögliche Ursachen für die drei genannten Zustände.

Zustand	Ursache
Trübung	
Verfärbung	
Dunkelfärbung	

③ Was ist beim Umgang (Lagerung, Entsorgung) mit Schmierstoffen zu beachten?

Wassergefährdungsklasse	Bedeutung
WGK 0	kaum wassergefährdend
WGK 1	schwach wassergefährdend
WGK 2	wassergefährdend
WGK 3	stark wassergefährdend

Gefahrenklasse	Flammpunkt
A I	unter 21 °C
A II	21 °C bis 55 °C
A III	über 55 °C bis 100 °C
B	unter 21 °C, wasserlöslich

Sammelkategorie	Bedeutung
Kategorie 1	Aufarbeitung
Kategorie 2	Weiterverwertung
Kategorie 3	Sondermüll
Kategorie 4	biologisch abbaubar

B Kühlschmierstoffe (KSS)

① Bei der Verwendung von Kühlschmierstoffen sind u.a. die Vorschriften der Gefahrstoffverordnung, die Regeln der Berufsgenossenschaft und die Technischen Regeln für Gefahrstoffe zu beachten.
Welche Messungen verlangt die TRGS 611 (www.baua.de)?

Messungen beim Ansetz-/Nachfüllwasser:

Messungen beim gebrauchten wassergemischten KSS:

② Womit wird die Konzentration des Kühlschmierstoffs gemessen?
Welcher Umrechnungsfaktor ist dabei zu beachten?

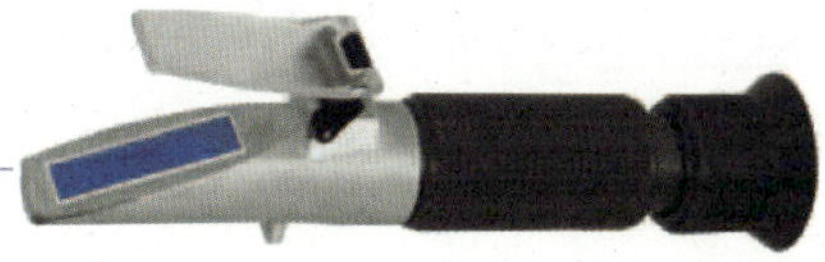

analog

digital

③ Womit werden der pH-Wert, der Nitritgehalt und die enthaltenen Mengen an Keimen geprüft?

④ Informieren Sie sich über empfohlene Grenz- und Richtwerte beim KSS-Lieferanten.

KSS-Konzentration für die Bearbeitung von Stählen:

pH-Wert (DIN 51369):

Nitritgehalt:

Keimzahl (Bakterien) 10 Exp.:

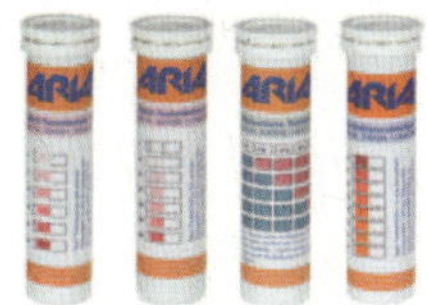

Teststäbchen

⑤ Weshalb müssen Kühlschmierstoffe (mit eigenem Wartungsplan) so streng überwacht werden bzw. regelmäßig erneuert werden?

⑥ Wie werden Kühlschmierstoffe entsorgt?

Planung

Beispiel für einen Schmierplan

Intervall in Betriebsstunden	Pos.	Eingriffstelle	Tätigkeit	Symbol
8 h	1	Kühlschmierstoffbehälter	Füllstand kontrollieren	
40 h	2	Zentralschmieraggregat	Ölstand kontrollieren	
200 h	1	Kühlschmierstoffbehälter	Entleeren, reinigen, neu füllen (ca. 240 l)	
	2	Zentralschmieraggregat	Ölstand kontrollieren, nachfüllen	
	3	Hydraulikaggregat	Ölstand kontrollieren	
	4	Spindelschlitten	Ölstand kontrollieren	
1000 h	2	Zentralschmieraggregat	Ölstand auffüllen	
	3	Hydraulikaggregat	Entleeren, reinigen, Öl neu auffüllen (ca. 2,7 l)	
	4	Getriebe	Öl auswechseln (ca. 8 l)	
	4	Spindelschlitten	Öl auswechseln (ca. 8 l)	
10000 h	5	Fräskopf und horizontales Spindellager	Öl auswechseln (ca. 2,7 l)	

Sie haben für kommende Woche die monatliche Wartung/Inspektion für die Fräsmaschine (Einschichtbetrieb) zu planen. Fassen Sie alle Überlegungen in Fragen zusammen.

Ausführung

Führen Sie die Arbeiten fachgerecht durch.

Kontrolle

Welche Kontrollen haben Sie durchzuführen (Checkliste)?

Bewertung/Dokumentation

Dokumentieren Sie Ihre Arbeiten.
Beurteilen Sie den Zustand des Schmieröls und des Kühlschmiermittels und suchen Sie mögliche Ursachen für auffällige Veränderungen.
Machen Sie Vorschläge für eine verbesserte Instandhaltung.
Suchen Sie organisatorische Verbesserungsmöglichkeiten.

Warten und inspizieren Sie die Führungen an einer konventionellen Fräsmaschine.

Informieren/orientieren Sie sich, indem Sie ...
- die Aufgaben und den Aufbau von Führungen erkunden,
- verschiedene Arten von Führungen vergleichen,
- die Bedeutung der Abstreifer und Abdeckungen erkennen,
- die Wartungs- und Inspektionsanleitung in den Maschinendokumenten nachlesen,
- sich mit den Umweltschutz- und Sicherheitsvorschriften vertraut machen.

Planen/entscheiden Sie, indem Sie ...
- die Art der Reinigung und Reinigungsmittel festlegen,
- die erforderlichen Schmierstoffe bereitstellen,
- mögliche Ersatzteile bereithalten,
- einen Arbeitsplan erstellen.

Führen Sie die Wartung und Inspektion durch, indem Sie ...
- die erforderlichen Reinigungsarbeiten vornehmen,
- Schmierstoff nachfüllen bzw. manuell schmieren,
- Teleskopbleche auf Beschädigung prüfen,
- Faltenbalgen auf Risse und Verformungen untersuchen,
- die Abstreifer überprüfen und ggf. nachstellen oder erneuern,
- die Führungsbahnen in Augenschein nehmen und auf Verschleiß untersuchen,
- das Spiel der Führungen ermitteln und wenn nötig nachstellen,
- bei Bedarf die nötige Instandsetzung veranlassen,
- abmontierte Teile wieder fachgerecht befestigen,
- die Maschine in Betrieb nehmen.

Kontrollieren Sie, indem Sie ...
- prüfen, ob alle Verbindungen fest sind,
- die Funktionsfähigkeit aller Komponenten feststellen,
- nachschauen, ob die Führungen schlierenfrei sind und kein Öl austritt,
- testen, ob die Abdeckungen ihre Aufgabe erfüllen.

Bewerten und dokumentieren Sie, indem Sie ...
- ein Wartungs- und Inspektionsprotokoll anfertigen,
- bei aufgetretenen Verschleißerscheinungen deren Ursache bestimmen,
- den Gesamtzustand der Führungen beurteilen,
- das momentane Instandhaltungskonzept kritisch überdenken,
- organisatorische Verbesserungen suchen.

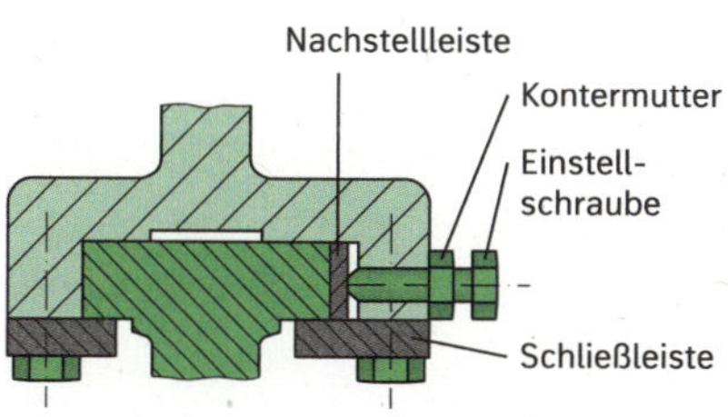

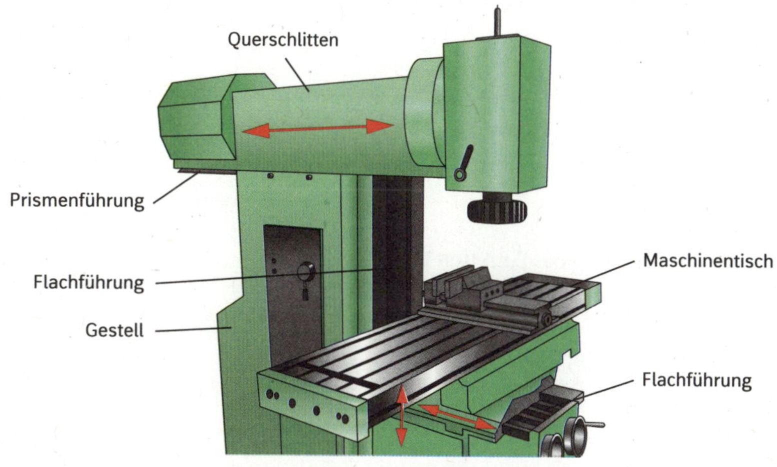

Information

① Welche Aufgaben haben Führungen an Werkzeugmaschinen und wie sind sie aufgebaut?

② Welche Führungen unterscheidet man bezüglich Form und Reibungsart?

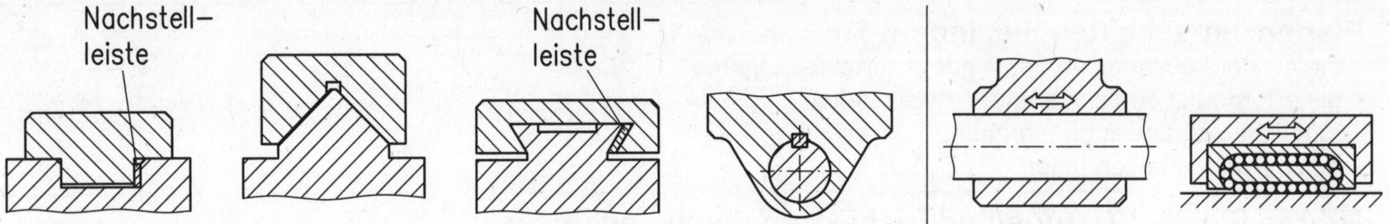

③ Erläutern Sie die verschiedenen Reibungszustände bei Gleitführungen.

④ Erläutern Sie den „Stick-Slip-Effekt“ bei Gleitführungen.

⑤ Auf eine Prismenführung von 800 mm Länge drückt eine Kraft von 12 kN.
Wie groß ist die Flächenpressung?

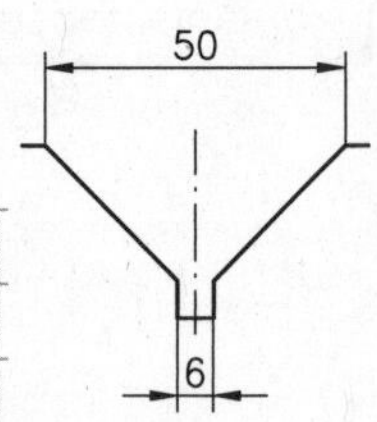

⑥ Beschreiben Sie die Funktion von Abstreifern.

⑦ Welche Abdeckungen werden zum Schutz von Führungen angebracht?

Planung

① Wie reinigen Sie die Teile und welche Reinigungsmittel verwenden Sie?

Grobreinigung:

Reinigen der Schutzbalgen:

Reinigen metallischer Flächen:

② Welche Schmierstoffe stellen Sie bereit??

③ Welche Ersatzteile werden möglicherweise benötigt?

④ Welche Inspektionen führen Sie durch?

Ausführung

Führen Sie die Arbeiten entsprechend Ihrer Planung aus.

Kontrolle

Welche Kontrollen Ihrer durchgeführten Arbeiten werden erforderlich sein?

Bewertung/Dokumentation

Dokumentieren Sie Ihre Arbeiten, Ergebnisse und Bewertungen. Suchen Sie mögliche Schäden und Ursachen für Verschleißerscheinungen.

Das Spiralkegelgetriebe (vgl. S. 28) wurde nach 9000 Betriebsstunden ausgebaut. Warten und inspizieren Sie es gemäß Betriebsanleitung.

Informieren/orientieren Sie sich, indem Sie ...
- den Zweck und die verschiedenen Arten von Getrieben kennenlernen,
- verschiedene Zahnradgetriebe vergleichen,
- durch einfache Berechnungen die Gesetzmäßigeiten von Getrieben erfahren,
- die Aufgaben, den Aufbau und die verschiedenen Arten von Lagern herausfinden,
- die Belastungen der Lager bestimmen und berechnen,
- sich Kenntnisse über die Aufgaben, Eigenschaften und Materialien von Dichtungen aneignen,
- die Wartungs- und Inspektionsanleitung in den Maschinendokumenten nachlesen,
- sich mit den Umweltschutz- und Sicherheitsvorschriften vertraut machen.

Planen/entscheiden Sie, indem Sie ...
- die Art der Reinigung und Reinigungsmittel festlegen,
- die erforderlichen Schmierstoffe bereitstellen,
- alle Ersatzteile bereithalten,
- für die geeigneten Prüfmittel sorgen,
- die fachgerechte Entsorgung anfallender Stoffe sicherstellen,
- die notwendigen Werkzeuge und Vorrichtungen beschaffen,
- einen Arbeitsplan erstellen.

Führen Sie Wartung und Inspektion durch, indem Sie ...
- das Getriebe reinigen,
- das Öl ablassen und überprüfen,
- Altöl und Reinigungsmittel in die entsprechenden Sammelbehälter geben,
- das Getriebe demontieren,
- die Einzelteile reinigen und auf Verschleiß prüfen,
- das Getriebe mit den Ersatzteilen wieder montieren,
- Spiel und Tragbild der Verzahnung einstellen,
- Öl auffüllen.

Kontrollieren Sie, indem Sie ...
- prüfen, ob alle Teile richtig montiert sind,
- die Funktionsfähigkeit aller Komponenten feststellen,
- nachschauen, ob die eingefüllte Ölmenge korrekt ist,
- die Dichtheit des Getriebes feststellen.

Bewerten und dokumentieren Sie, indem Sie ...
- ein Wartungs- und Inspektionsprotokoll anfertigen,
- bei aufgetretenen Verschleißerscheinungen deren Ursache bestimmen,
- den Gesamtzustand des Getriebes beurteilen,
- das momentane Instandhaltungskonzept kritisch überdenken,
- in einer Präsentation Ihre gewonnenen Erkenntnisse weitergeben.

Information

A Getriebe

① Welche Aufgaben haben Getriebe in Werkzeugmaschinen?

② Nach welchen Merkmalen werden mechanische Getriebe unterteilt?

③ Wie werden die abgebildeten Zahnräder bezeichnet?

		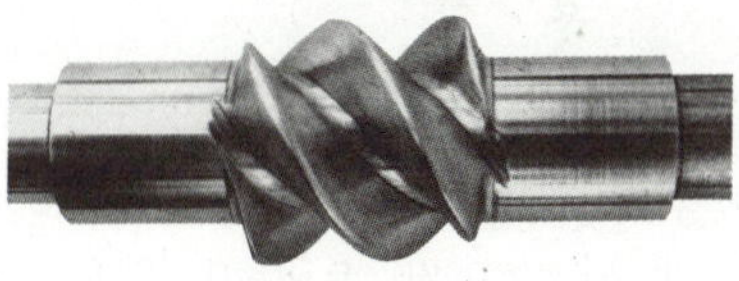

④ Mit Zahnrädern lassen sich unterschiedlich versetzte Wellenpaare verbinden (Welle 1 treibend, Welle 2 getrieben). Skizzieren Sie jewels die entsprechenden Zahnräder und bezeichnen Sie den Zahnradtrieb.

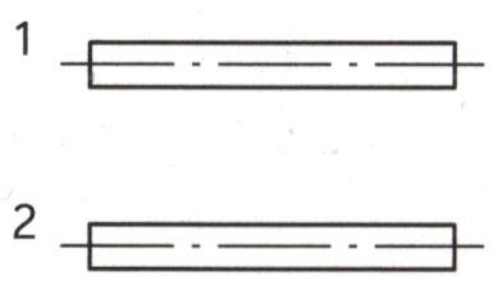

(Bezeichnung)

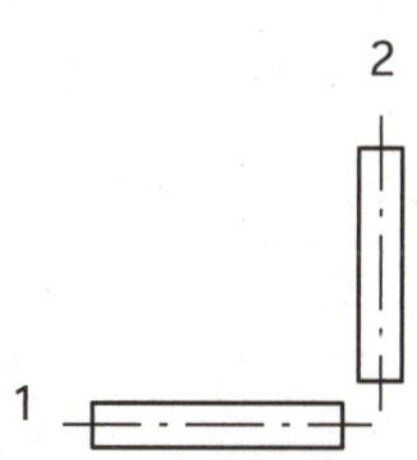

(Bezeichnung)

1. Möglichkeit:

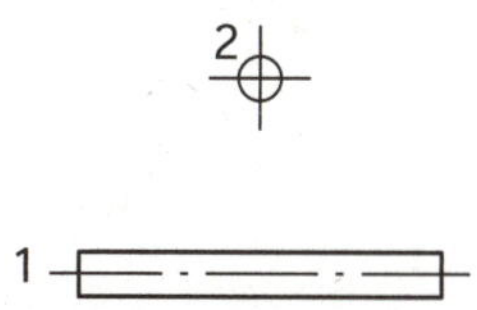

(Bezeichnung)

2. Möglichkeit:

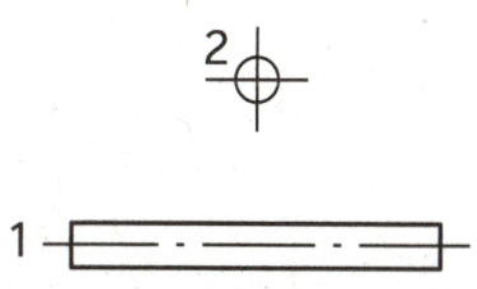

(Bezeichnung)

⑤ Wie bezeichnet man die abgebildeten Arten von Stirnrädern?

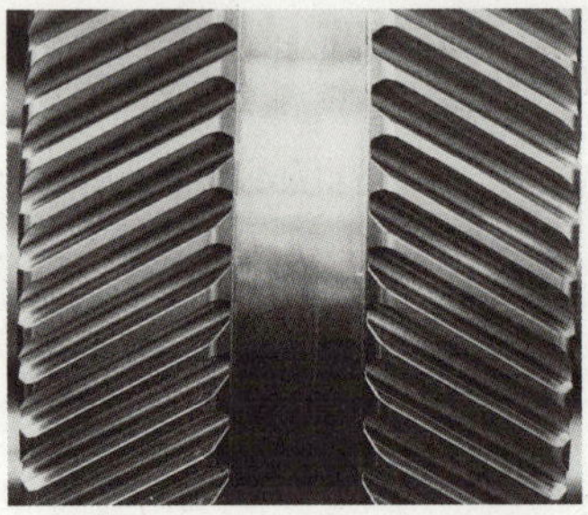

Besonderheiten:

Besonderheiten:

Besonderheiten:

⑥ Welche Vorteile haben bogenverzahnte Kegelräder?

a)

b)

⑦ Mithilfe eines Kegelradgetriebes mit 84 % Wirkungsgrad wird beispielsweise ein Drehmoment von 25 Nm eines Elektromotors mit 1000 Umdrehungen pro Minute durch ein Kegelrad mit 19 Zähnen über ein Tellerrad mit 68 Zähnen auf die Abtriebswelle übertragen. Berechnen Sie
a) das Übersetzungsverhältnis, b) die Abtriebsdrehzahl und c) das Abtriebsdrehmoment.

B Lager

Welche Aufgaben haben Lager in Werkzeugmaschinen?

Welche Arten von Lagern unterscheidet man?

③ Aus welchen Teilen besteht ein Wälzlager?

Beispiel:
Rollenlager

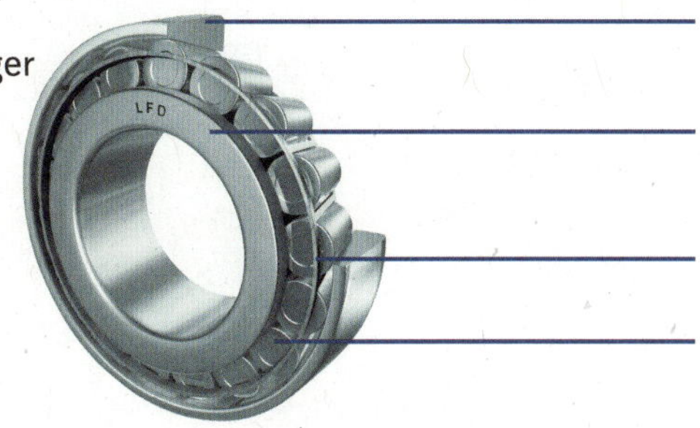

④ Nennen und skizzieren Sie die Wälzkörperformen, die bei Wälzlagern verwendet werden.

Wälzkörperformen „Rollen“

Welche genauen Bezeichnungen tragen die folgenden Wälzlager?
(Die Pfeile geben die mögliche Belastungsrichtung an.)

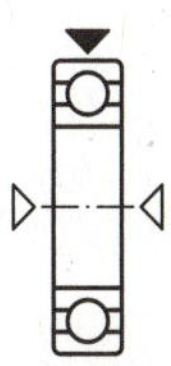

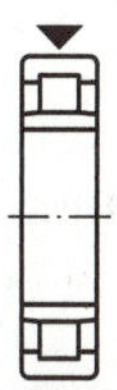

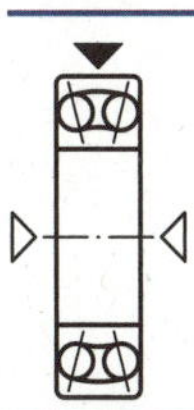

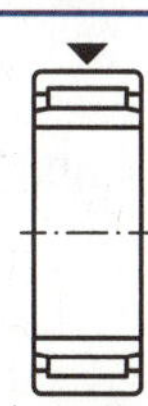

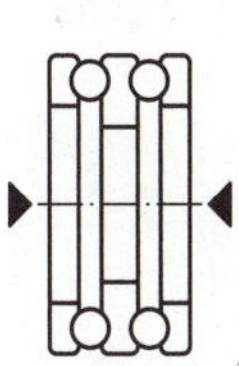

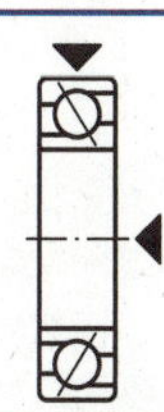

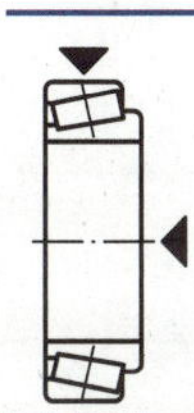

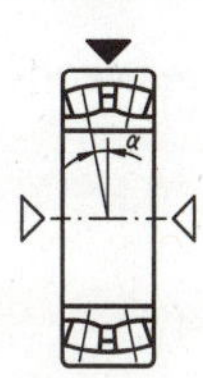

⑥ Auf ein Zahnrad wirkt während des Betriebs eine radiale Kraft von 830 N.
Berechnen Sie die Lagerkräfte F_A und F_B.

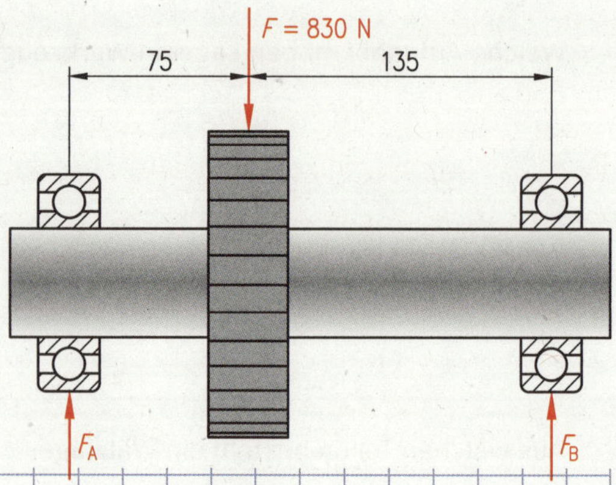

C Dichtungen

① Welche Aufgaben haben Dichtungen in Getrieben?

② Wie bezeichnet man die skizzierten Dichtungen?

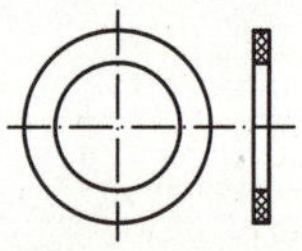

(Bezeichnung)

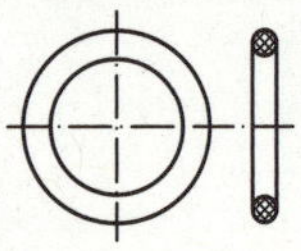

(Bezeichnung)

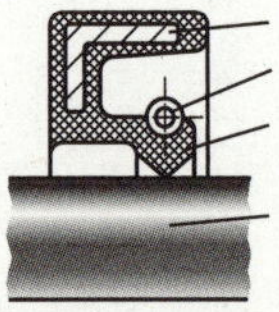

(Bezeichnung)

③ Welche Eigenschaften müssen Dichtungswerkstoffe besitzen?

Eigenschaften von Dichtungen

Welche Werkstoffe werden bei Dichtungen verwendet?

D Warten und Inspizieren des Spiralkegelgetriebes (vgl. S. 28)

Betriebsanleitung des Herstellers (Auszug)

1. Allgemeines
2. Transport
3. Lagerung
4. Inbetriebnahme
5. Betriebsbedingungen
6. Wartung
7. Sicherheitsvorkehrungen
8. EG-Konformitätserklärung

Spiralkegelgetriebe
Baureihe: Standard
n_1 max = 1000 min^{-1}
M_1 max = 125 Nm
Baujahr: .... Nr. ......
Einbaulage horizontal
Typ/Baugröße: 01
Ölfüllung: ....
Ölsorte: CLP 68

1. Allgemeine Hinweise

Die Betriebsanleitung dient der bestimmungsgerechten Nutzung des Getriebes unter Beachtung geltender Vorschriften und Sicherheitsbestimmungen.

...

5. Betriebsbedingungen

Die maximal zulässige Drehzahl „n_1 max“, das maximal zulässige Drehmoment „M_1 max“ und die Einbaulage des Getriebes sind dem Typenschild zu entnehmen. Das drehzahlbezogene zulässige Drehmoment „M_2 eff“ ist dem mitgelieferten Dokument „Leistungsdaten der Spiralkegelgetriebe“ zu entnehmen. Keiner dieser Werte darf überschritten werden. Die Umgebungstemperatur liegt im Bereich zwischen −20 °C und +40 °C. Das Getriebe darf nicht der direkten Sonneneinstrahlung oder anderen Strahlenquellen ausgesetzt sein. Auf ungehinderten Luftzug in der direkten Getriebeumgebung ist zu achten (keine Verkleidung!). Maße und weitere technische Details sind dem Katalog „Tandler Spiralkegelgetriebe“ zu entnehmen.

6. Wartung

Der Ölstand (Mitte Ölschauglas) ist wöchentlich zu kontrollieren. Die Höhe des Ölstands darf nicht mehr als 4 mm von der Ölschauglasmitte (nach oben oder unten) abweichen. Der Schmierstoff ist alle 4 500 Betriebsstunden zu wechseln. Der Schmierstofftyp ist dem Typenschild zu entnehmen. Das Altöl ist entsprechend den gesetzlichen Bestimmungen zu entsorgen. Die Wälzlager und Radialwellendichtringe (siehe Stückliste) sind alle 9 000 Betriebsstunden zu wechseln. Die anderen Bauteile (z. B. Zahnräder, Passfeder, Wellen) sind einer visuellen Kontrolle auf eventuelle Schäden zu unterziehen. Beschädigte Bauteile müssen ausgetauscht werden. Alle gelösten Schraubverbindungen sind bei Wiedermontage mit Flüssigklebstoff (Schraubensicherung) gegen Losdrehen zu sichern. Nach jedem Abnehmen von Gehäuseteilen sind die betreffenden O-Ringe gegen neue auszutauschen. Als Ersatzteile dürfen nur von uns gelieferte Originalteile verwendet werden. Für nicht von uns gelieferte Teile übernehmen wir keine Gewährleistung und keine Haftung für daraus resultierende Schäden. Wir empfehlen den Austausch der genannten Ersatzteile durch Tandler-Servicepersonal. Durch regelmäßige Reinigung ist die Bildung einer Staubschicht > 5 mm auf allen Getriebeteilen zu unterbinden. Auf ungewöhnliche Geräuschbildung während des Betriebs ist zu achten. Gegebenenfalls ist der Antrieb stillzusetzen.

...

Einbau eines Palloid-Kegelradsatzes mithilfe des Tragbilds

So muss die Palloid-Verzahnung beim Einbau tragen:	So trägt sie dann im Betrieb unter Belastung:
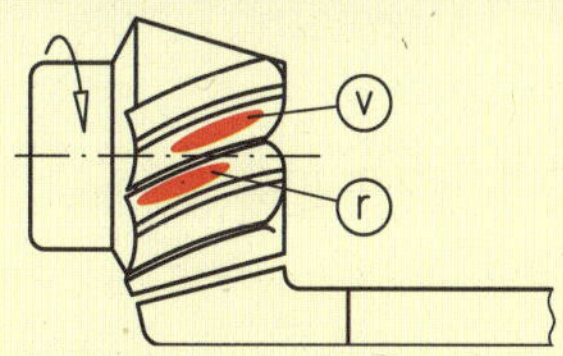	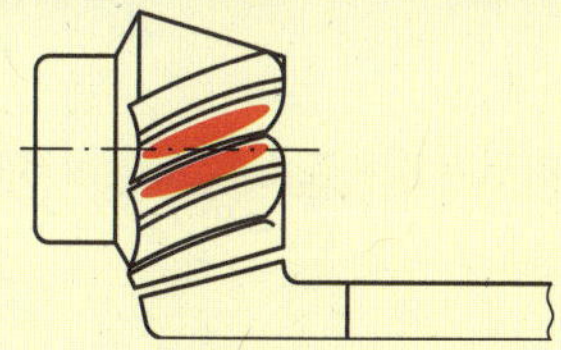

Alle obigen Angaben beziehen sich auf das treibende Kegelrad, wobei (v) = Vorwärtsflanke und (r) = Rückwärtsflanke sein soll.

Wie verfährt man, wenn sich beim Einbau folgendes Tragbild ergibt?	Man macht Folgendes:	Dann muss sich das normale Einbaubild (siehe oben) ergeben.
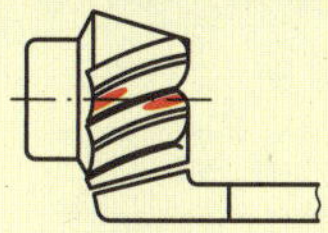	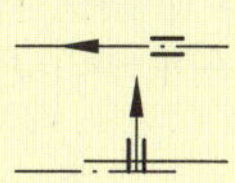	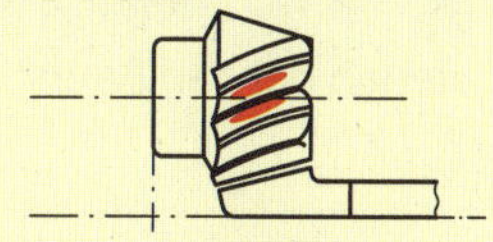
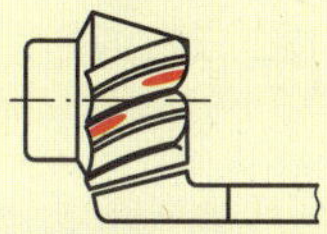	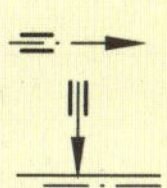	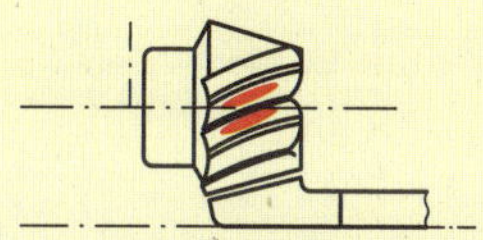

Welchen Zweck hat die Betriebsanleitung?

Welche wichtigen Einschränkungen für die Verwendung dieses Getriebes stehen in den Betriebsbedingungen?

Nennen Sie alle Wartungs-/Inspektionsarbeiten, die durchzuführen sind.

Listen Sie alle Ersatzteile und deren normgerechte Bezeichnung auf (vgl. S. 29).

Pos.-Nr.	Bezeichnung	Menge

Ermitteln Sie für die Schrägkugellager die wichtigsten Einbaumaße und den Berührungswinkel. (Tabellenbuch!)

Wofür stehen bei den Radialwellendichtringen die Angaben **AS** und **NBR**?

⑦ Welche Informationen stehen in diesem Teil der englischsprachigen Betriebsanleitung?

The selection of lubricants and their degree of viscosity were made taking into account the design, circumferential speed, backlash of the teeth and operating temperature of the gearboxes.
Grease Lubrication: 0 up to 1.5 m/sec circumferential speed of spiral bevel gear wheel.
Source of supply: Aralub FDP 00 (www.aral-lubricants.de)
Splash Lubrication: Up to 14 m/sec circumferential speed of spiral bevel gear wheel.
Source of supply: Aral Degol BG 68 (www.aral-lubricants.com)

⑧ Überprüfen Sie, ob das angegebene Getriebeöl Aral Degol BG 68 die CLP-Anforderung erfüllt.

⑨ Das Getriebe (Typ 01) soll bis Mitte Ölauge mit Öl aufgefüllt werden. Öl in einer 1-l-Dose kostet 12,40 EUR, ein 20-l-Kanister kostet 176,– EUR. Berechnen Sie die Ersparnis pro Getriebe in EUR und %, wenn der 20-l-Kanister gekauft wird.

Öl- und Fettmengen der Getriebe/*Oil- and Grease quantities for the gearboxes*			
Typ/*Type*	**Ölmenge/*Oil quantity***		**Fettmenge/*Grease quantity***
	$i = 1:1$	**$i \gtreqless 1:1$**	**$i = 1:1 + i \gtreqless 1:1$**
	Liter/*litre*	**Liter/*litre***	**kg**
00	0,10	0,10	0,20
01	0,25	0,25	0,45
A1	0,60	0,60	1,00
B1	0,75	1,10	1,60
C1	1,50	2,25	3,00
D1	3,00	4,50	6,00
E1	8,00	11,00	15,00
F1	13,00	23,00	19,00

Planung

① Schreiben Sie den Arbeitsplan für die Montage der Baugruppe mit dem Ritzel (Pos. 16) zum Erneuern der Wälz-lager (Pos. 43 und 44) und deren Einbau. (Vgl. S. 28/29)

Nr.	Arbeitsgang	Werkzeug, Hilfsmittel

② Das Spiel an den Zahnflanken soll 0,05 mm betragen. Erläutern Sie, welche Möglichkeit es gibt, das Zahnspiel bei der Montage des Getriebes zu prüfen.

③ Welche Folgen sind zu erwarten, wenn das Tragbild der Verzahnung nicht stimmt?

④ Wie kann das ideale Tragbild erreicht werden und welche Maßnahmen sind ggf. erforderlich?

Ausführung

Führen Sie die Arbeiten fachmännisch aus.

Kontrolle

Listen Sie die nötigen Kontrollen auf.

Bewertung/Dokumentation/Präsentation

Dokumentieren Sie Ihre Arbeiten, Ergebnisse und Bewertungen. Suchen Sie mögliche Schäden und Ursachen für Verschleißerscheinungen. Erstellen Sie eine Präsentation und geben Sie Ihre Erfahrungen und Kenntnisse weiter.

Problemstellung:

Zwei Heizungsanlagen, die unterschiedlich „gefahren“ werden.
Stellen Sie die Wirkungswege der Heizungsanlagen a und b fest, indem Sie die entsprechenden Bauteile aus den Zeichnungen in die darunterstehenden Blockschaltbilder übertragen.

a

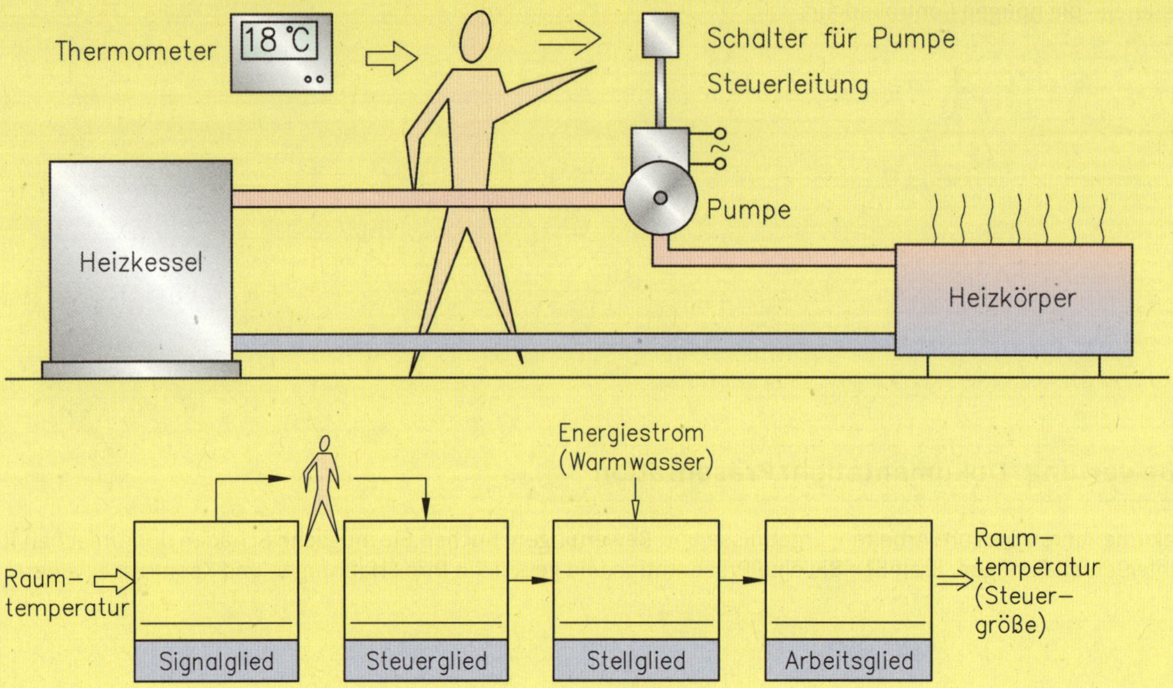

b

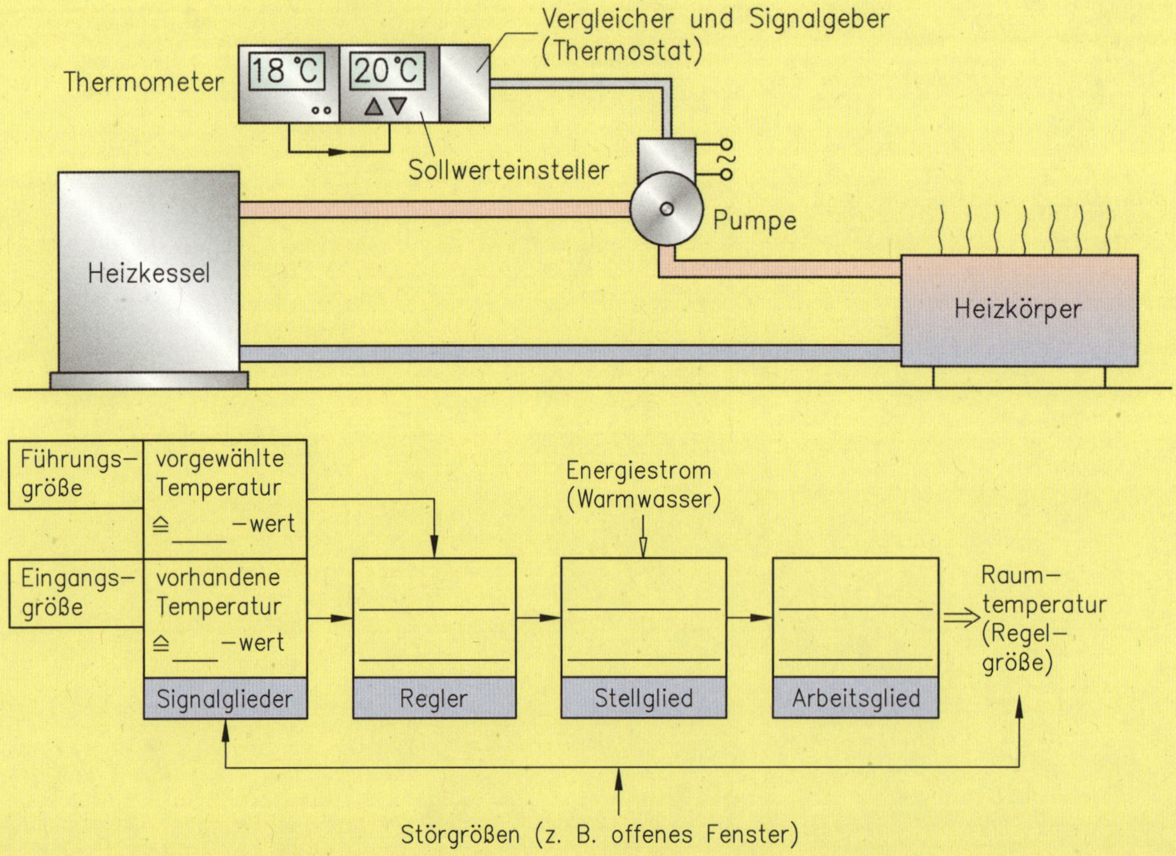

Welche Heizungsanlage würden Sie vorziehen? Begründung?

A Unterschied Steuern – Regeln

① Die Heizungsanlagen a und b stellen zwei Arten der „Lenkung“ eines technischen Systems dar. Wie bezeichnet man diese beiden Arten?

Heizungsanlage a	Heizungsanlage b

② Worin besteht der grundsätzliche Unterschied dieser beiden Arten der „Lenkung“?

Der **Wirkungsablauf** beim Steuern ist	Der **Wirkungsablauf** beim Regeln ist

Wie wird der Wirkungsablauf deshalb bezeichnet?

B Wichtige Begriffe des Steuerns und Regelns

Die einzelnen Glieder einer gesteuerten bzw. geregelten Anlage werden nach ihrer Aufgabe (Funktion) bezeichnet. Ergänzen Sie die Übersicht.

Außen-temp. → -glied → -glied → -glied → -glied → Raum-temp.

-glied	-glied	-glied	-glied
Aufgabe: Erfassen von Messwerten (Informationsgebung)	Aufgabe: Verknüpfung und Speicherung von Informationen	Aufgabe: Steuerung des Energie- und Massestroms (z. B. Wärme, Druckluft)	Aufgabe: Ausführung der Arbeit (z. B. Aufheizen, Kolbenbewegung im Pneumatikzylinder)
Beispiele:	Beispiele:	Beispiele:	Beispiele:

Im Folgenden wird „Steuern und Regeln" am Beispiel pneumetischer Anlagen dargestellt.

A Pneumatische Anlage

① Was versteht man unter Pneumatik?

② a) Skizzieren Sie bei II die Stellung des Wegeventils und des Arbeitszylinders, wenn die Anlage durch das Fußpedal betätigt wird, und tragen Sie mit Pfeilen den Zufluss der Druckluft ein.
b) Zeichnen Sie bei I mit Pfeilen den Abfluss der Druckluft ein, wenn der Fuß vom Fußpedal des Wegeventils genommen wird.

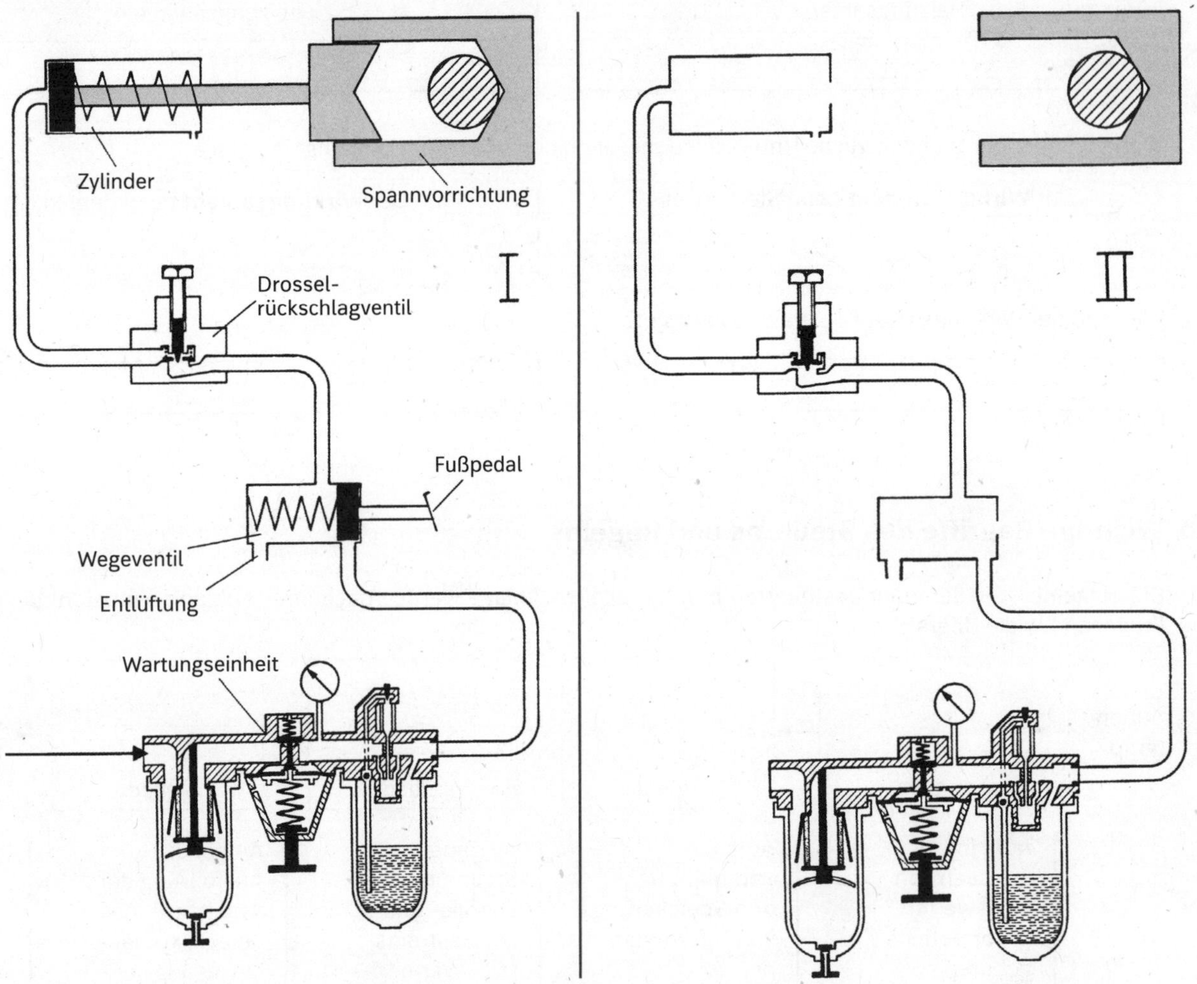

③ Welchen Zweck hat bei der pneumatischen Anlage oben das Drosselrückschlagventil?

Beim **Zurückfahren** des Zylinderkolbens (Entlüften):

Beim **Vorwärtsfahren** des Zylinderkolbens (Arbeitsgang):

B Verdichter

① Wie bezeichnet man die abgebildeten Luftverdichter?

② Tragen Sie mit Pfeilen den Verlauf des Luftstroms ein und kennzeichnen Sie die Saugseite und die Druckseite an den Verdichteranschlüssen mit S bzw. D.

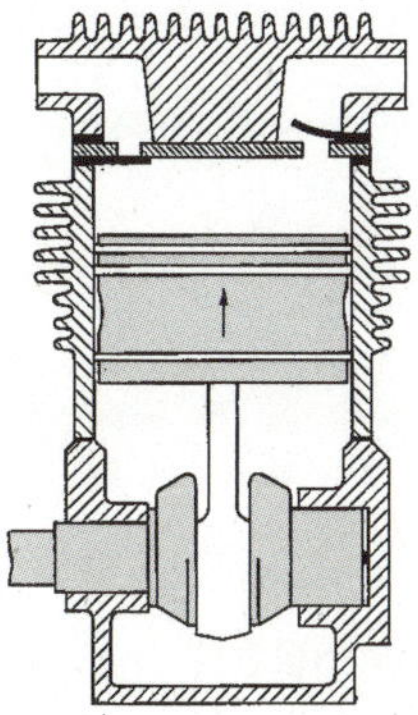

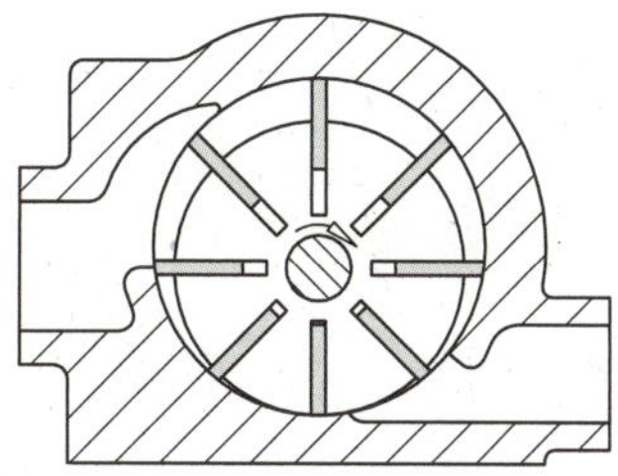

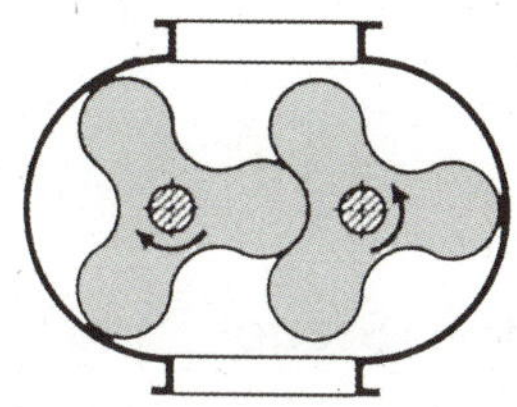

C Arbeitsglieder (Zylinder und Motoren)

① Welche grundsätzliche Aufgabe haben Druckluftzylinder und -motoren, die als Arbeitsglieder (Antriebsglieder) eingesetzt werden? (vgl. die Anlage S. 64)

(Energieart)

Umwandlung in

(Energieart)

② Informieren Sie sich über die Funktionsweise dieser Pneumatikzylinder. Geben Sie jeweils die fachgerechte Bezeichnung an und vervollständigen Sie die Symbole.

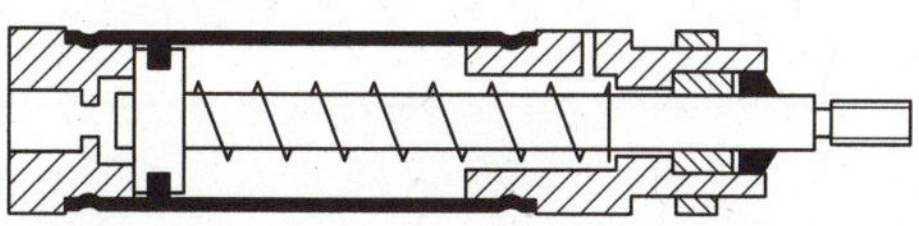

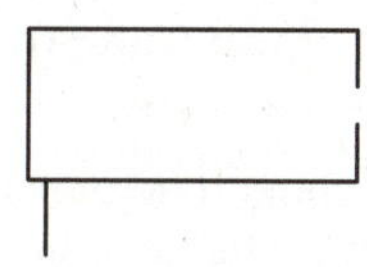

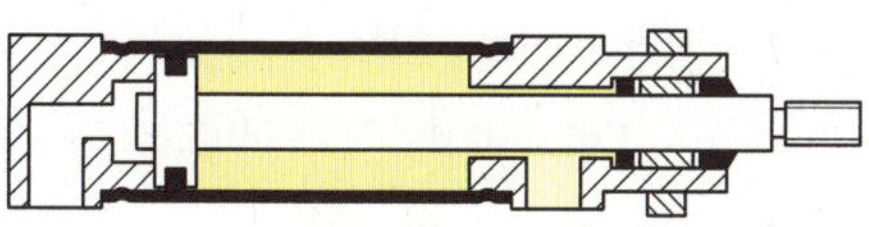

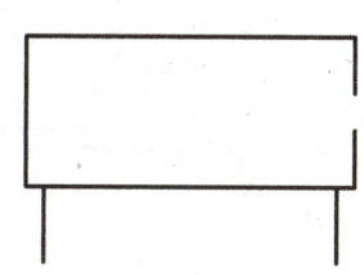

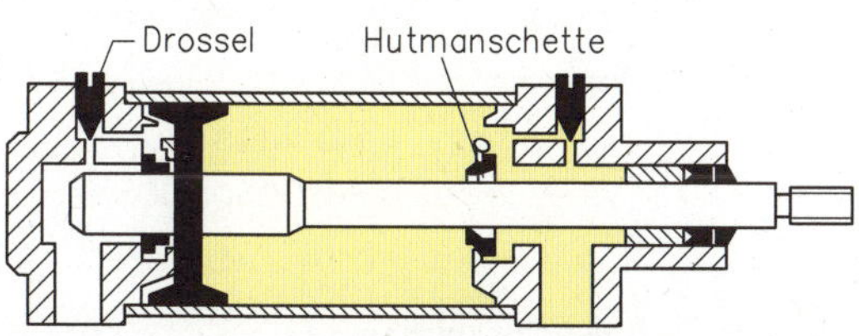

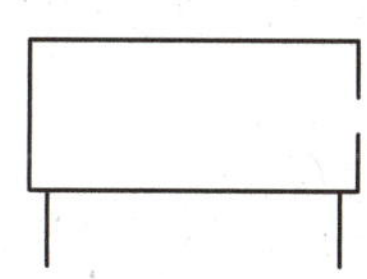

③ Welchen Zweck hat eine Endlagendämpfung?

④ Wie werden diese Druckluftmotoren bezeichnet?
Zeichnen Sie die Durchflussrichtung ein und ergänzen Sie die Symbole.

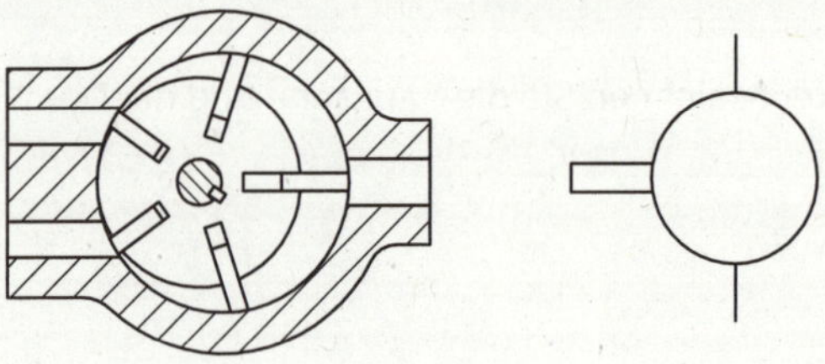

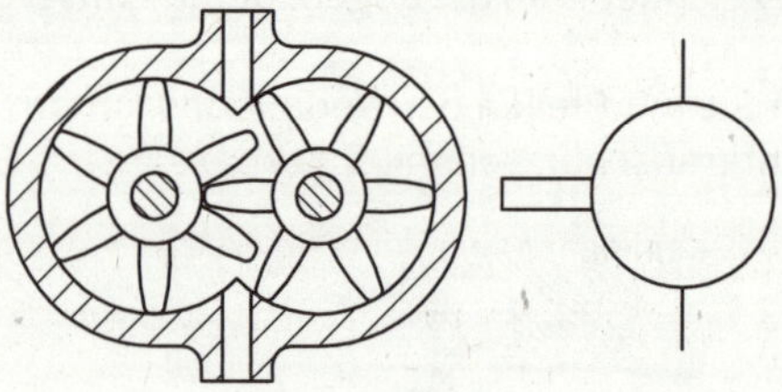

D Ventile (Steuer- und Stellglieder)

Wie bezeichnet man Ventile, die in einer pneumatischen Anlage die folgenden Aufgaben erfüllen?

Sie steuern Beginn, Ende und Richtung des Druckluftstroms.	Sie steuern die Menge der durchströmenden Druckluft.	Sie sperren den Druckluftstrom in einer Richtung.	Sie regeln den Druck in der pneumatischen Anlage.

E Wegeventile

Die **Anschlüsse** bei pneumatischen Wegeventilen werden mit Ziffern bezeichnet.
Dabei bedeuten:

Druckanschluss (Zufluss):	**1**
Arbeitsanschlüsse:	**2 (4, 6 ...)**
Entlüftung (Abfluss):	**3 (5, 7 ...)**

① Wie bezeichnet man die abgebildeten Wegeventile?
Markieren Sie bei den Sinnbildern jeweils mit x die Schaltstellung, welche in der Ventilabbildung dargestellt ist.

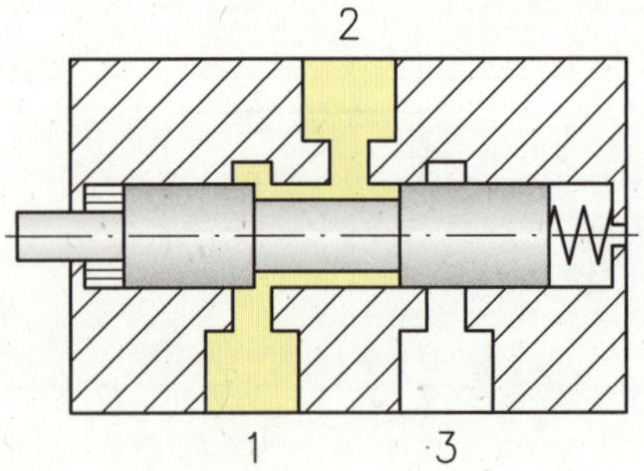

(Ventilbezeichnung)

Dieses Ventil hat ____ gesteuerte Anschlüsse.

Dieses Ventil hat ____ Schaltstellungen.

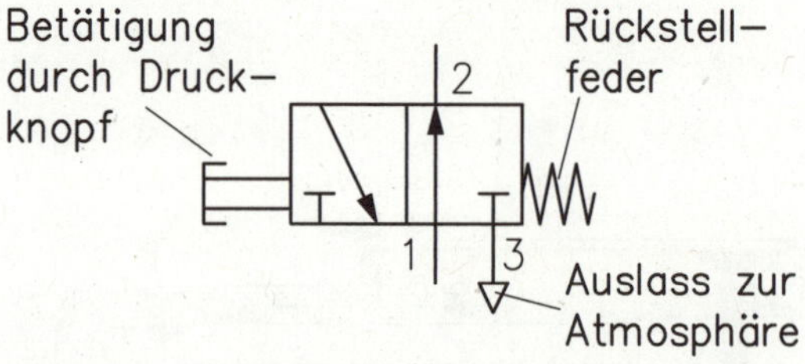

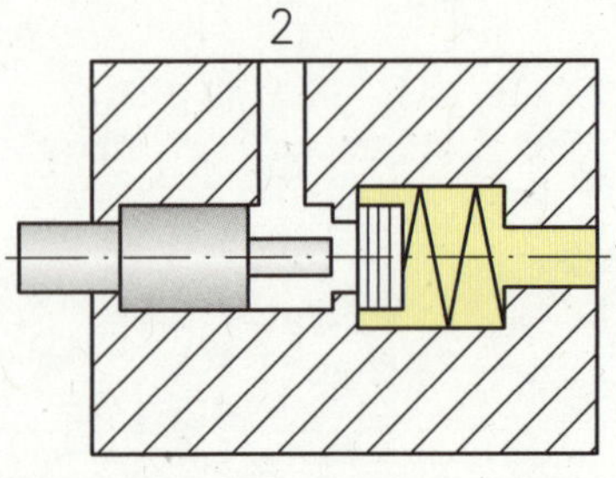

(Ventilbezeichnung)

Dieses Ventil hat ____ gesteuerte Anschlüsse.

Dieses Ventil hat ____ Schaltstellungen.

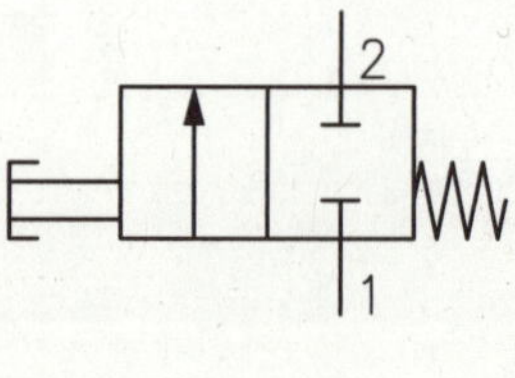

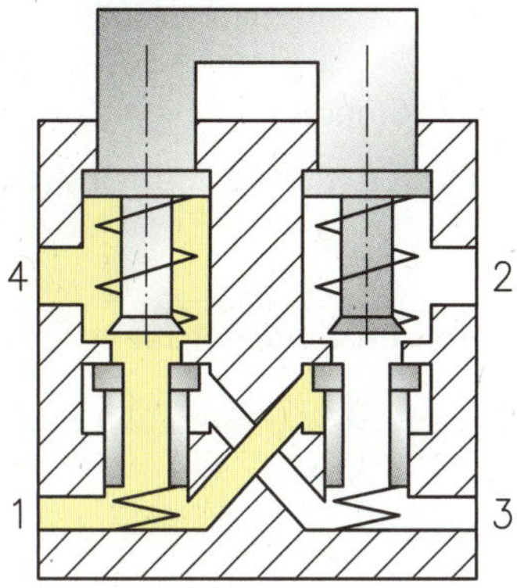

____
(Ventilbezeichnung)

Dieses Ventil hat ______ gesteuerte Anschlüsse.

Dieses Ventil hat ______ Schaltstellungen.

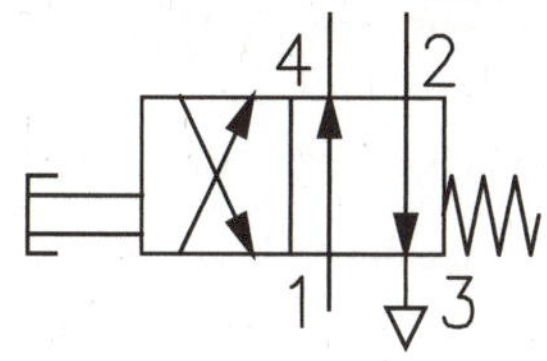

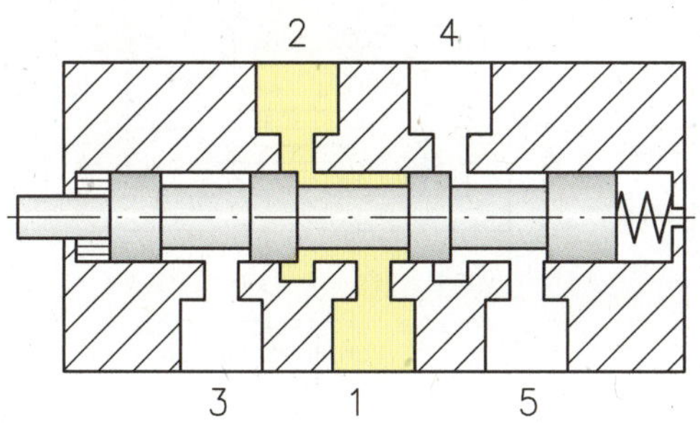

____
(Ventilbezeichnung)

Dieses Ventil hat ______ gesteuerte Anschlüsse.

Dieses Ventil hat ______ Schaltstellungen.

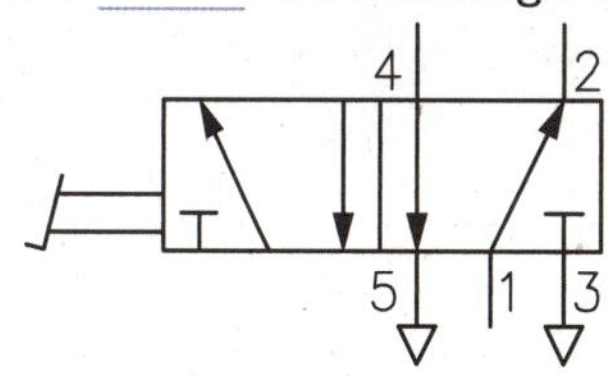

② Wegeventile können auf unterschiedliche Weise betätigt werden. Welche Betätigungen sind in den folgenden sinnbildlichen Darstellungen gemeint?

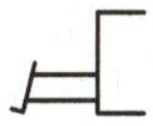 _______________________

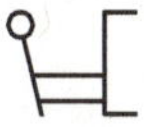 _______________________

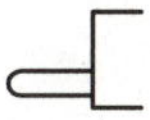 _______________________

 _______________________

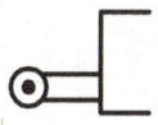 _______________________

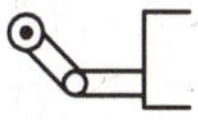 _______________________

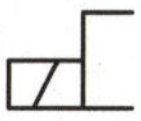 _______________________

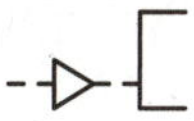 _______________________

F Stromventile

① Welche genauere Bezeichnung haben die abgebildeten Ventile? Ergänzen Sie jeweils das Sinnbild.

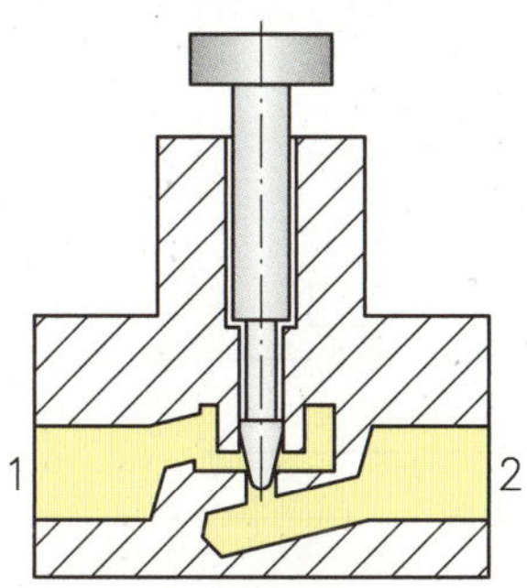

____
(Ventilbezeichnung)

bedeutet: _______________________

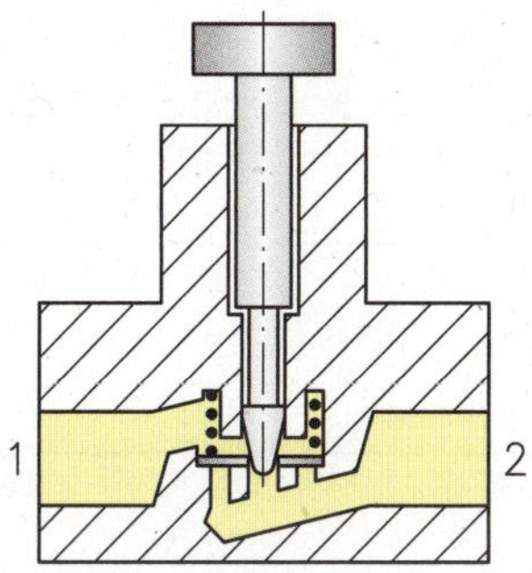

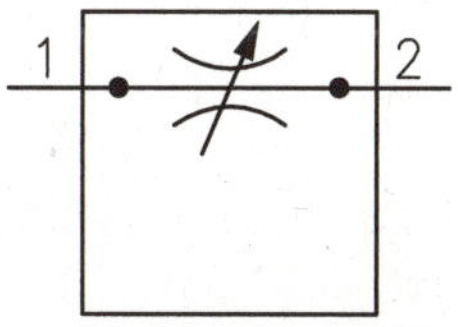

____
(Ventilbezeichnung)

② Wie funktioniert ein Drosselrückschlagventil?

a) Wenn der Luftstrom **von 1 nach 2** fließt, _______________________

____

b) Wenn der Luftstrom **von 2 nach 1** fließt, _______________________

G Sperrventile

Welche genauere Bezeichnung haben die abgebildeten Ventile? Ergänzen Sie jeweils das Sinnbild.

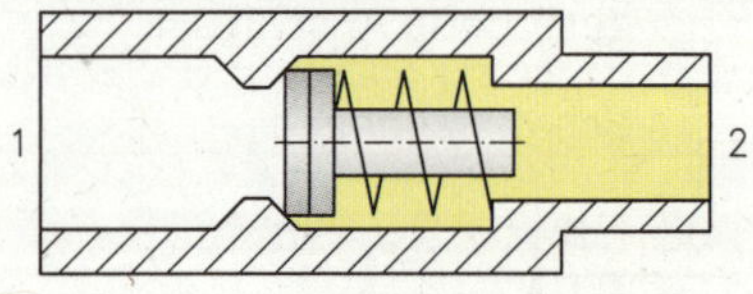

a) Wenn der Luftstrom **von 1 nach 2** fließt, ist das Ventil ____________.

b) Wenn der Luftstrom **von 2 nach 1** fließt, ist das Ventil ____________.

____________________ ____

(Ventilbezeichnung)

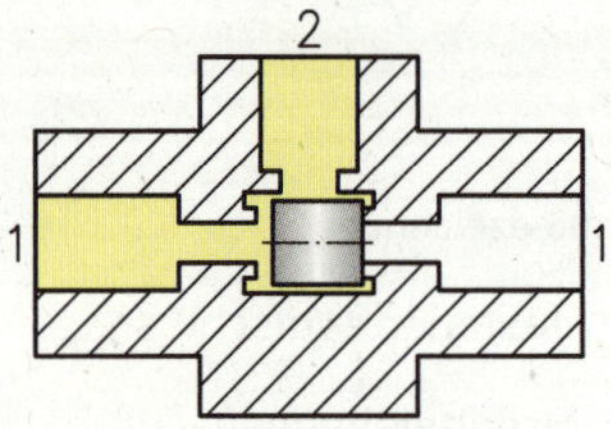

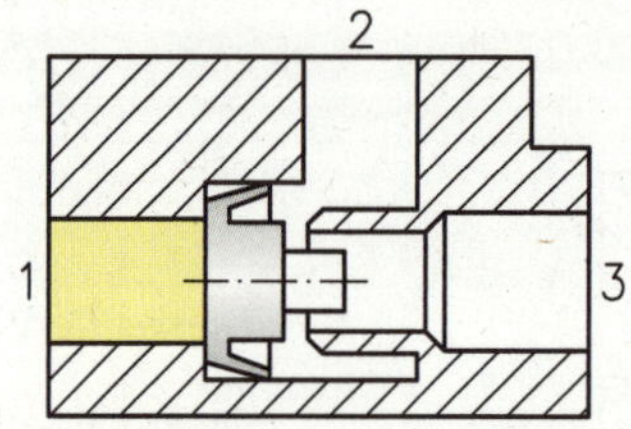

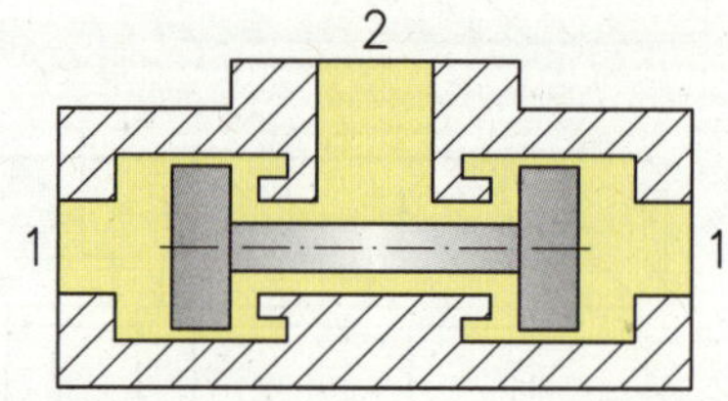

____________________ (Ventilbezeichnung)

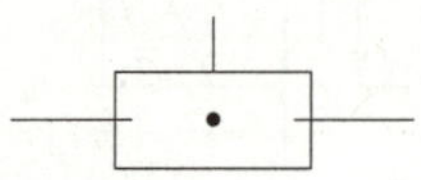

____________________ (Ventilbezeichnung)

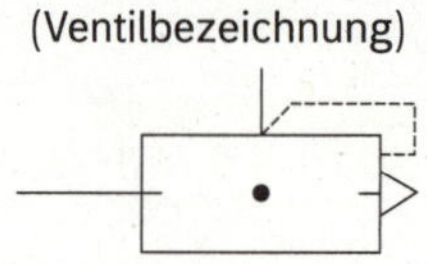

____________________ (Ventilbezeichnung)

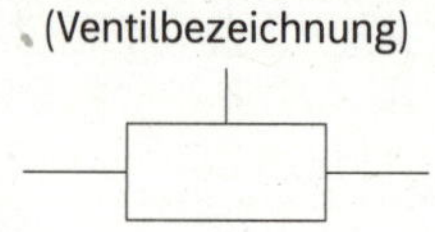

H Schaltplan

Beispiel:
Transportanlage
(Ein Paket soll angehoben und auf ein Förderband geschoben werden.)

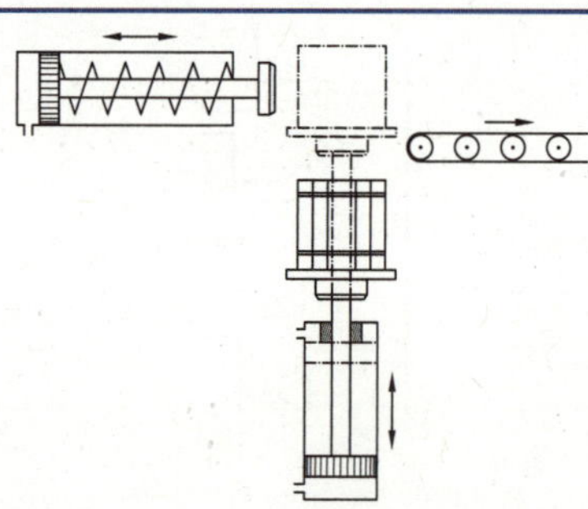

Skizze der wirklichen Lage der Arbeitsglieder

Pneumatikplan:

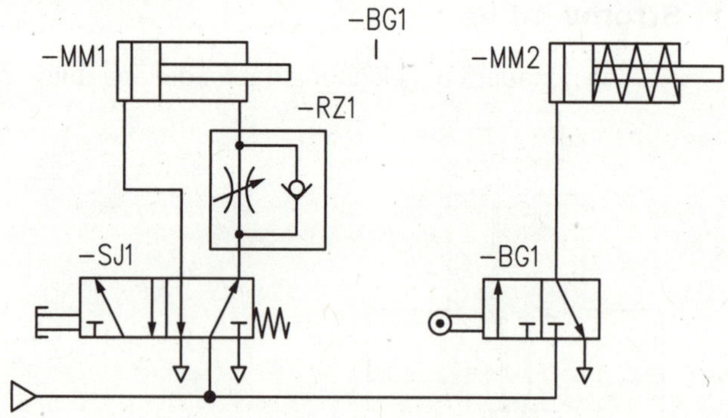

Die Kennzeichnung der Bauteile erfolgt nach DIN EN 81346.
Alternativ wäre eine Kennzeichnung nach ISO 1219 oder verinfacht nach DIN EN 81346 möglich.

① Wie heißen die einzelnen Teile der Anlage (Fachausdrücke)?

I Funktionsdiagramm (Weg-Schritt-Diagramm)

(Das Weg-Schritt-Diagramm ist nicht genormt.)

Bauelemente			Schritte
Benennung	Nr.	Lage/Zustand	1 2 3
doppelt wirkender Zylinder	−MM1	2 1	
einfach wirkender Zylinder	−MM2	2 1	
5/2-Wegeventil	−SJ1	a b	
3/2-Wegeventil	−BG1	a b	

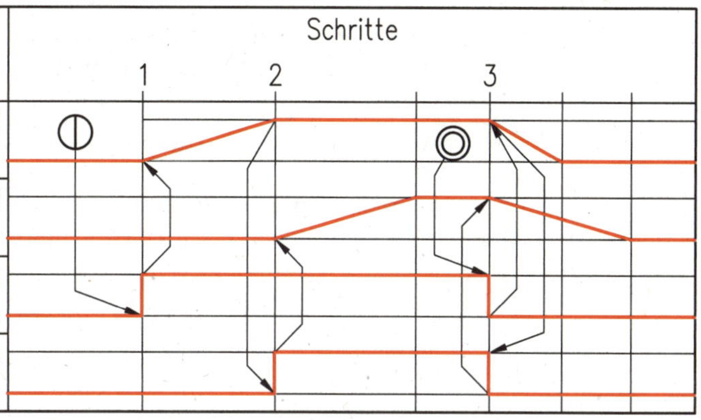

Beschreiben Sie den Ablauf der Steuerung, wie er im Funktionsdiagramm dargestellt ist.

K GRAFCET (Funktionsplan nach DIN EN 60848)

In einem GRAFCET werden Steuerfunktionen mit Schritten und Weiterschaltbedingungen (Transitionen) dargestellt. An jeden Schritt können beliebig viele Aktionen angeschlossen werden. Es gibt auch verzweigte Abläufe. Der GRAFCET ist technologieunabhängig, d. h. die Realisierung kann z. B. pneumatisch, elektrohydraulisch oder durch eine speicherprogrammierbare Steuerung (SPS) erfolgen.
Ergänzen Sie den folgenden GRAFCET, der sich auf den Schaltplan S. 68 bezieht, durch kurze Kommentare.

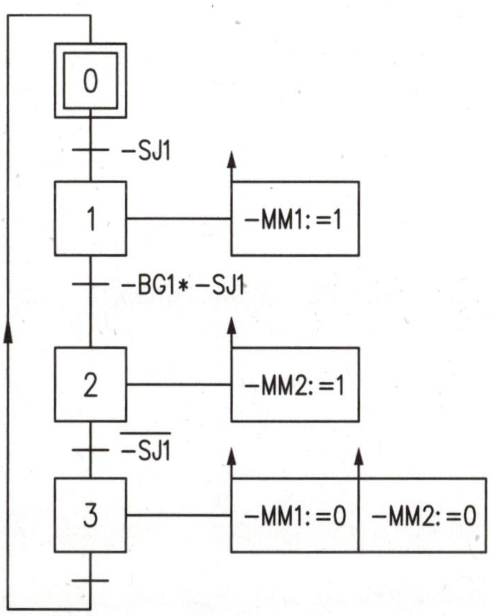

Kommentar:

„Einschaltzustand“ (Ausgangsstellung)

L Ablaufsteuerung und logische Verknüpfungen

Problemstellung:

Die Transportanlage (S. 68) soll wahlweise durch kurze manuelle Betätigung von –SJ1 oder –SJ2 gestartet werden können. Dies soll aber nur möglich sein, wenn Zylinder –MM1 eingefahren ist.

① Ergänzen Sie den Pneumatikplan durch zwei Steuerglieder (–RZ1 und –RZ2), mit denen die Ausfahrgeschwindigkeit der beiden Kolben stufenlos eingestellt werden kann, und vervollständigen Sie die Kennzeichnung der Bauteile.

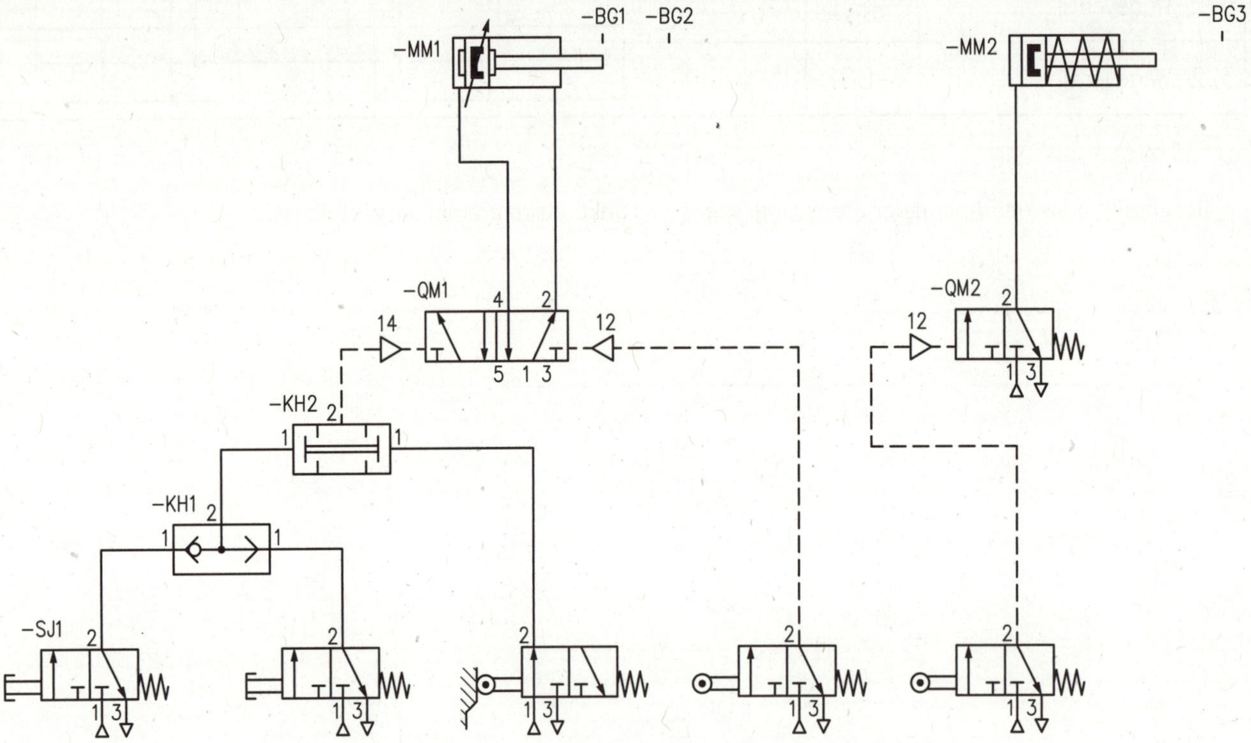

② Wie werden die beiden Bauteile –KH1 und –KH2 fachgerecht bezeichnet und welche logische Funktion haben sie?

③ Geben Sie die vollständige Bezeichnung des Bauteils –QM1 an und erklären Sie die Anschlussbezeichnung „14".

④ „Beschreiben Sie den Ablauf der Steuerung, nachdem das Stellglied –QM1 durch einen Startimpuls betätigt wurde.

Berechnungen zur Kolbenkraft

Doppeltwirkender Zylinder:

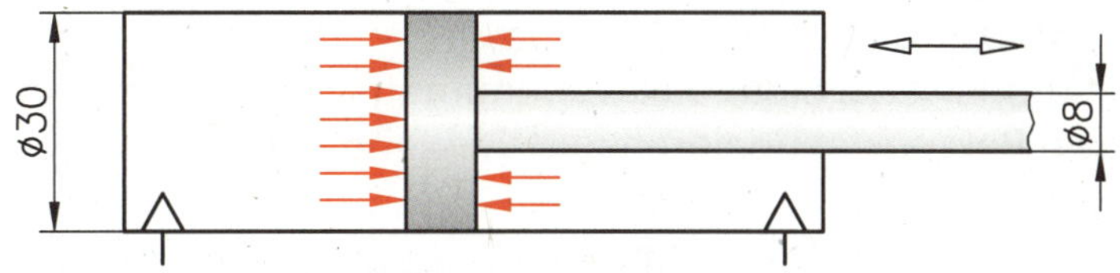

Der Druck in pneumatischen und hydraulischen Anlagen wird gemessen in bar.

$$1\ \text{bar} = 10\ \frac{\text{N}}{\text{cm}^2}$$

① Warum ist bei gleichem Luft- oder Öldruck die Kolbenkraft des doppeltwirkenden Zylinders bei der Nach-rechts-Bewegung größer als bei der Nach-links-Bewegung?

Für die Berechnung der wirksamen Kolbenkraft gilt:

$$F = p_e \cdot A \cdot \eta \quad [\text{N}]$$

F wirksame Kolbenkraft [N]
p_e Überdruck (über atmosphärischem Druck ≈ 1 bar) [bar]
A druckbeaufschlagte Kolbenfläche [cm^2]
η Wirkungsgrad (η berücksichtigt Kolbenkraftverluste, z. B. durch Reibungskräfte zwischen Kolben und Zylinder)

② Berechnen Sie an dem doppeltwirkenden Zylinder oben
a) die druckbeaufschlagten Kolbenflächen bei beiden Bewegungen,
b) die jeweiligen Kolbenkräfte, wenn der Anlagendruck 6 bar und der Wirkungsgrad 0,85 betragen.

③ Welchen Durchmesser muss der Kolben eines einfachwirkenden Zylinders haben, wenn die Kolbenkraft 450 N groß sein soll? Der Anlagendruck ist 6 bar, der Wirkungsgrad 0,8.

Nehmen Sie die elektropneumatische Hubeinrichtung in Betrieb.

Informieren/orientieren Sie sich, indem Sie ...
- sich mit der Funktionsweise einer elektropneumatischen Steuerung vertraut machen,
- herausfinden, wie Relais funktionieren und verwendet werden,
- die verschiedenen Sensoren erkunden,
- den Ablauf der Steuerung analysieren,
- die Betriebsanleitung der Anlage lesen.

Planen Sie, indem Sie ...
- den Ablauf der Steuerung mit geeigneter Software simulieren,
- die Anlage in Augenschein nehmen,
- die Bauteile gemäß Pneumatikplan, Stromlaufplan und Stückliste identifizieren,
- die Energieversorgung vorbereiten,
- die einzelnen Schritte der Inbetriebnahme in einem Inbetriebnahme-Protokoll festlegen.

Führen Sie die Inbetriebnahme aus, indem Sie ...
- die Netzspannung und Druckbereitstellung kontrollieren,
- die Ventile und Taster in Ausgangsstellung setzen und den NOT-AUS-Schalter einrasten,
- die pneumatischen Steuerketten in Betrieb nehmen,
- die elektrischen Betriebsmittel in Betrieb nehmen,
- die gesamte Steuerung in Betrieb nehmen,
- die Anlage unter Belastung testen.

Kontrollieren Sie, indem Sie ...
- die richtige Position der Zylinder und Sensoren überprüfen,
- die Funktionsfähigkeit aller Komponenten testen,
- die Anlage auf Dichtheit und fachgerechte Montage überprüfen,
- die Sicherheitseinrichtungen überprüfen.

Bewerten und dokumentieren Sie, indem Sie ...
- das Inbetriebnahme-Protokoll fertigstellen,
- ein Übergabeprotokoll erstellen,
- Wartungsvorschläge unterbreiten,
- Schwachstellen suchen und erforderliche Ersatzteile für die Bereithaltung auflisten.

Information

Elektropneumatische Hubeinrichtung
Über einen Rollengang gelangen schwere Werkstücke (max. 50 kg) zum Hubzylinder. Durch Tastendruck werden sie angehoben und von einem weiteren Zylinder auf einen zweiten Rollengang verschoben.

Technologieschema

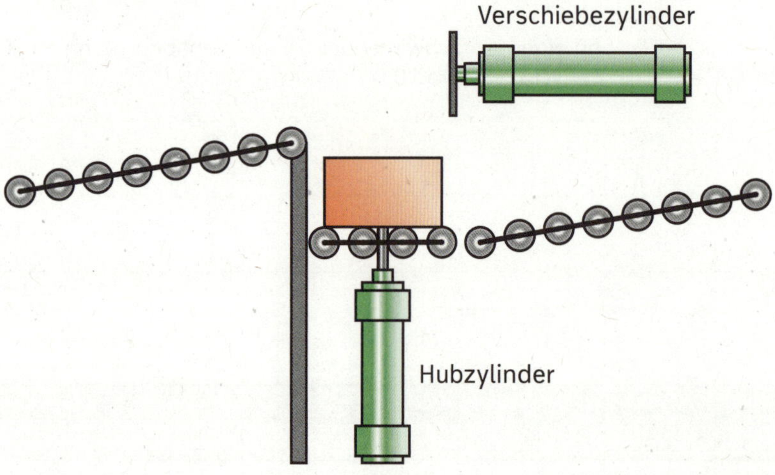

Pneumatikplan

Erklärungen:
–BG = Näherungsschalter
–MB = Elektromagnet
–KF = Relais
–SF1 = Starttaster
Ö = Öffner
S = Schließer

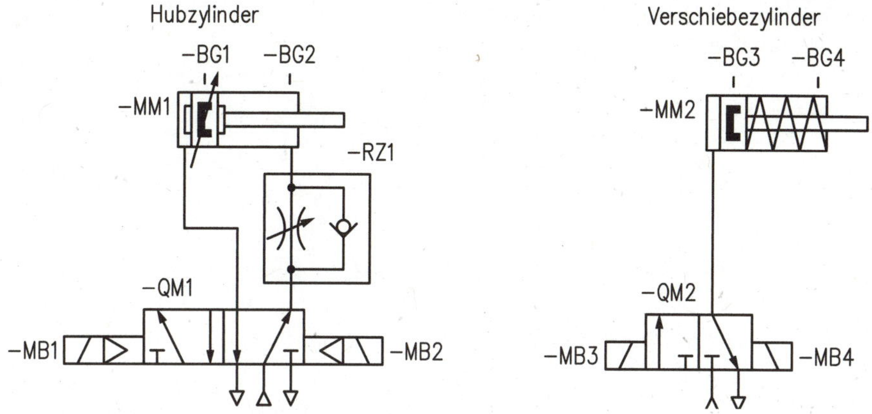

Stromlaufplan

Strompfade (hier 1–8)

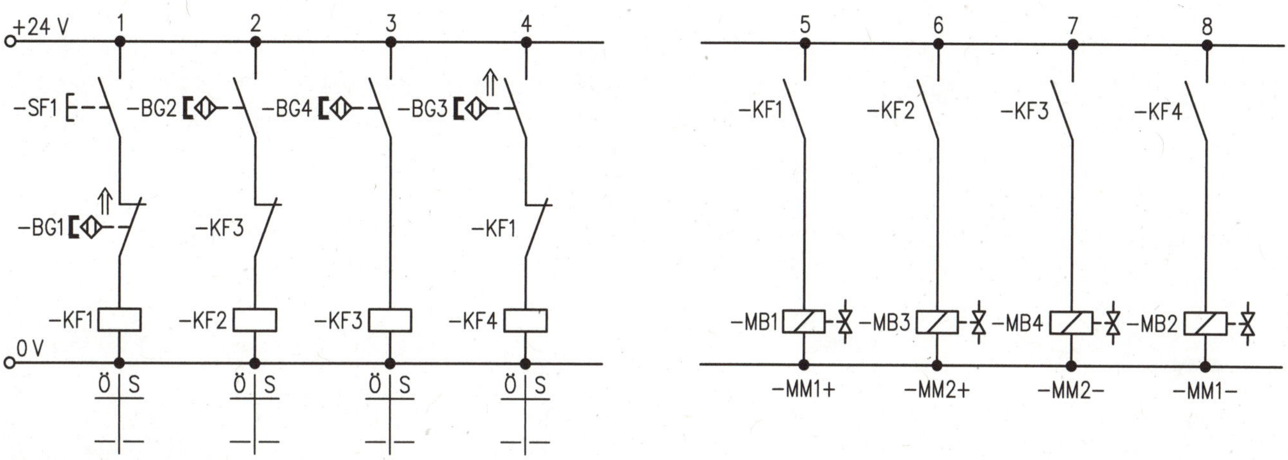

Orientierung

① Die Darstellung zeigt eine elektropneumatische Steuerung.
Ordnen Sie den angeführten Gliedern die entsprechenden Bauteile der elektropneumatischen Steuerung zu.

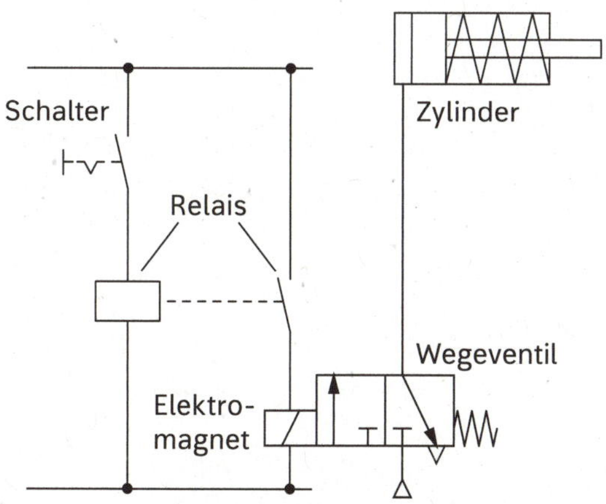

Signalglied ≙ ______

Steuerglied ≙ ______

Stellglied ≙ ______

Arbeitsglied ≙ ______

② Wodurch unterscheidet sich die elektropneumatische Steuerung grundsätzlich von der pneumatischen Steuerung?

______

______

Wie erfolgt die Steuerung der elektrischen Signale?

______

______

③ Wie funktionieren Schütz und Relais?
Wodurch unterscheiden sie sich?

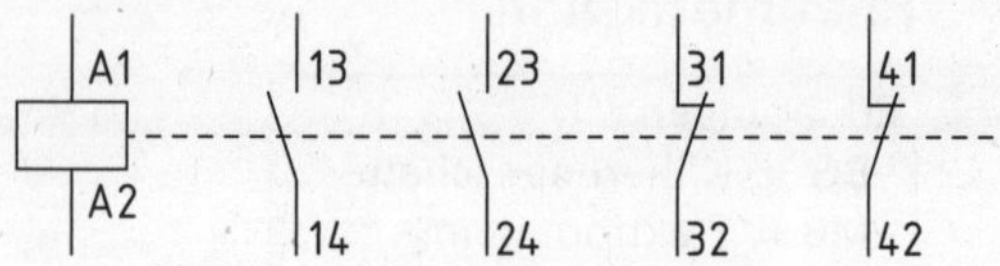

Anschlusszeichen an einem Relais

④ Der Stromlaufplan S. 73 für die Hubeinrichtung besteht aus zwei Stromkreisen. Wie heißen die beiden Stromkreise und welche Strompfade des Stromlaufplans gehören jeweils dazu?

Ergänzen Sie auch die Schaltgliedertabelle unter den entsprechenden Strompfaden S. 73.

⑤ Als Signalglieder in Steuerungen werden neben Schaltern noch verschiedene andere Sensoren eingesetzt. Geben Sie die jeweilige Bezeichnung und Wirkweise dieser Sensoren (Grenztaster, Näherungsschalter) an.

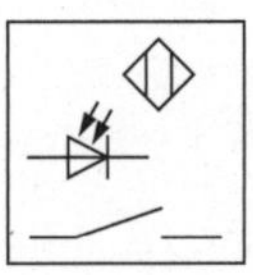

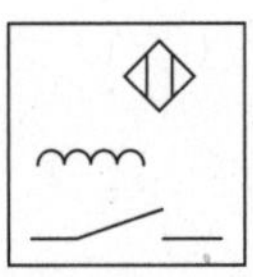

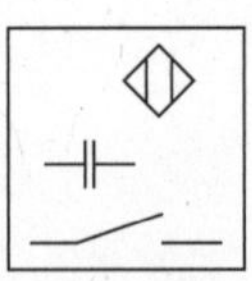

⑥ Vertiefen Sie sich in den Pneumatikplan und den Stromlaufplan der Hubeinrichtung.
a) Beschreiben Sie die verwendeten Arbeitsglieder.

b) Welche Funktion hat Bauteil –RZ1 in der Steuerung?

c) Wodurch unterscheiden sich die beiden Stellglieder hinsichtlich ihrer Betätigung?

d) Beschreiben Sie Aufbau und Wirkungsweise von Pfad 1 im Stromlaufplan.

e) Stellen Sie den Ablauf der Steuerung grafisch dar, indem Sie den GRAFCET ergänzen und kommentieren. Verwenden Sie für beide Zylinder speichernd wirkende Aktionen.

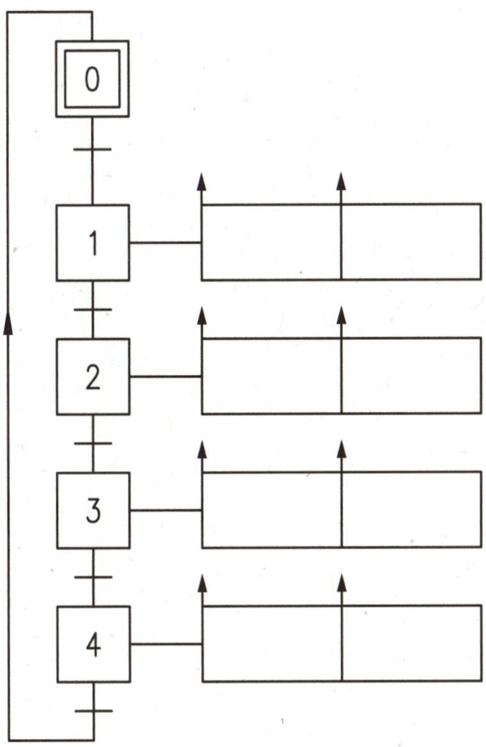

Kommentar:

Planung

Nennen Sie wichtige Schritte bei der Inbetriebnahme der Hubeinrichtung.
Halten Sie diese Schritte in einem Inbetriebnahme-Protokoll fest.

① Vorbereitung der Energieversorgung

② Inbetriebnahme der pneumatischen Komponente

③ Inbetriebnahme der elektrischen Komponente

④ Inbetriebnahme der gesamten Steuerung

Ausführung

Nehmen Sie die Steuerung gemäß Inbetriebnahme-Protokoll in Betrieb.

Kontrolle

Kontrollieren Sie Ihre durchgeführten Arbeiten und achten Sie darauf, dass alle Bauteile fachgerecht montiert und die geforderten Sicherheitseinrichtungen vorhanden und funktionsfähig sind.

Dokumentation

① Dokumentieren Sie die Inbetriebnahme (Zeitpunkt, eventuelle Besonderheiten).

② In einem Übergabeprotokoll kann die Funktionsfähigkeit der Anlage bestätigt werden. Es enthält auch eine Liste der Unterlagen, die zur Anlage gehören. Nennen Sie Beispiele.

③ Welche Anweisungen könnten in einem Wartungsplan stehen?

Die elektropneumatische Hubeinrichtung (vgl. S. 72) wurde bisher verbindungsprogrammiert (VPS) mit Relais gesteuert und soll nun auf SPS umgestellt werden.
Sie haben die Aufgabe, die SPS zu programmieren, die Anlage in Betrieb zu nehmen und Vorschläge zur Verbesserung zu machen.

Informieren/orientieren Sie sich, indem Sie ...
- sich die Funktionweise der Hubeinrichtung vergegenwärtigen,
- sich mit der Funktionsweise und Bedienung einer SPS vertraut machen,
- sich einen Überblick über wichtige Operationen einer SPS verschaffen,
- die Darstellung von Abläufen als GRAFCET kennenlernen.

Planen/entscheiden Sie, indem Sie ...
- ggf. vorhandene Software einsetzen,
- eine geeignete Steuerung auswählen,
- die Belegung der vorhandenen Geräte organisieren,
- sich für eine Programmiersprache entscheiden,
- den Ablauf in einem Grafcet darstellen,
- die Zuordnungsliste erstellen.

Führen Sie den Auftrag aus, indem Sie ...
- die SPS programmieren,
- die Sensoren und Aktoren gemäß Zuordnungsliste anschließen,
- das Programm auf die Steuerung übertragen,
- die Steuerung in Betrieb nehmen.

Kontrollieren Sie, indem Sie ...
- die Funktion der Sensoren und Aktoren überprüfen,
- testen, ob der Ablauf der Steuerung mit den Vorgaben übereinstimmt,
- ausprobieren, wie die Steuerung auf mögliche Störungen reagiert.

Bewerten und dokumentieren/präsentieren Sie, indem Sie ...
- die Vorteile einer SPS gegenüber einer VPS herausstellen,
- Verbesserungen vorschlagen,
- den gesamten Prozess kritisch überdenken,
- Ihre Ergebnisse und gewonnenen Erkenntnisse in der Klasse vortragen.

Information

Elektropneumatische Hubeinrichtung
Über einen Rollengang gelangen schwere Werkstücke zum Hubzylinder. Durch Tastendruck werden sie angehoben und von einem weiteren Zylinder auf einen zweiten Rollengang verschoben. Die Anlage darf nur gestartet werden, wenn beide Zylinder eingefahren sind.

Technologieschema

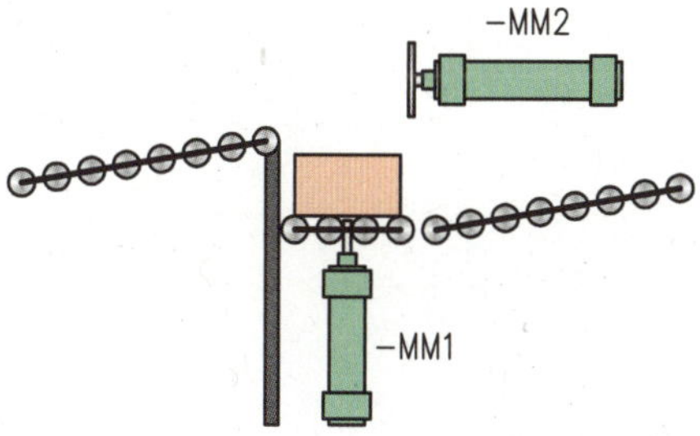

Pneumatikplan

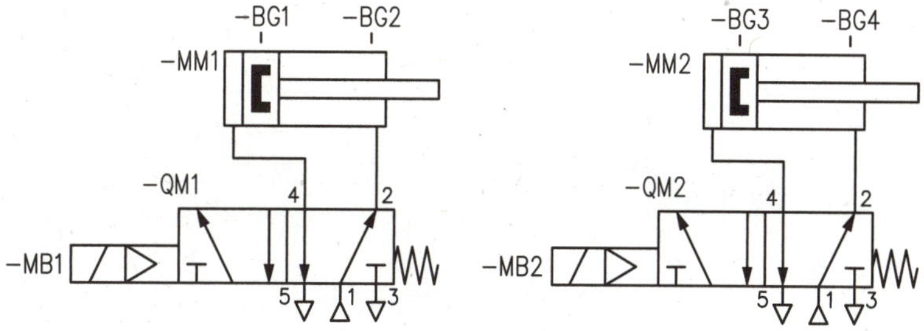

A Arbeitsweise einer SPS

Wodurch unterscheidet sich eine speicherprogrammierbare Steuerung (SPS) von einer verbindungsprogrammierten Steuerung (VPS)?

____

____

____

Nennen Sie Bauteile, die
a) an die Eingänge,
b) an die Ausgänge einer SPS angeschlossen werden können.

a) ____

____

____

b) ____

____

____

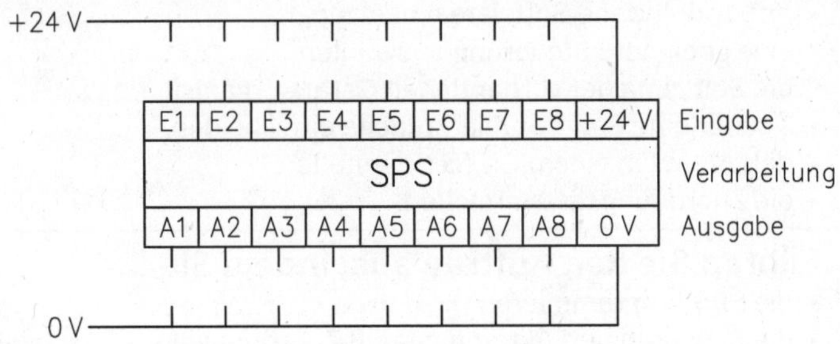

Nennen Sie die drei logischen Grundverknüpfungen (Grundoperationen) für die Verarbeitung der binären Daten (0 oder 1).

Deutsch (Englisch): ____

Wie heißen die ausführlichen Bezeichnungen für die angegebenen Progammiersprachen?

FBS = ____

KOP = ____

AWL = ____

Tragen Sie die jeweilige Verknüpfung ein und erstellen Sie die Anweisungsliste (AWL).
Geben Sie auch die boolesche Schreibweise an, wie sie in einem GRAFCET bevorzugt verwendet wird.

FBS	KOP	AWL	Verknüpfung

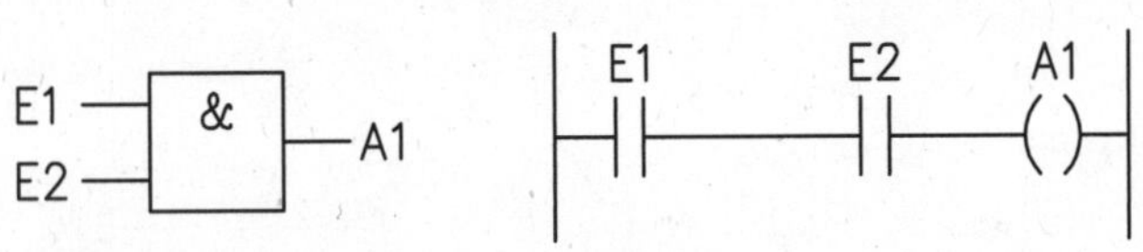

boolesche Schreibweise: ____________________

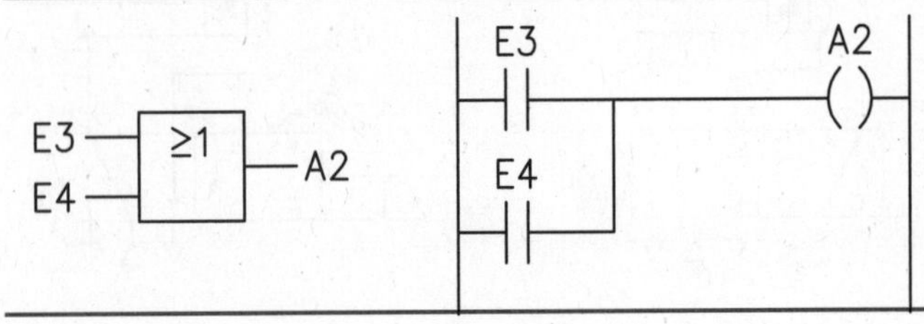

boolesche Schreibweise: ____________________

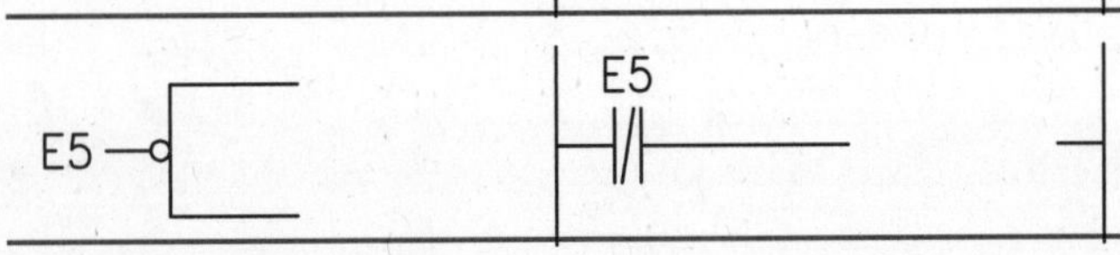

boolesche Schreibweise: ____________________

B Einfache Verknüpfungssteuerungen

① Übertragen Sie die einzelnen Programmbeispiele in die beiden anderen Programmiersprachen und – wo gefordert – auch in die boolesche Schreibweise.

FBS | **KOP** | **AWL**

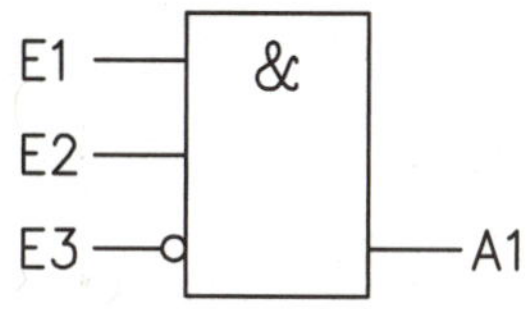

boolesche Schreibweise: ______________________

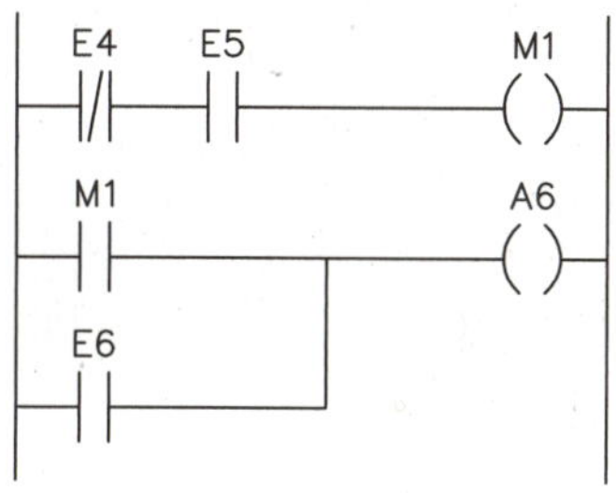

boolesche Schreibweise: ______________________

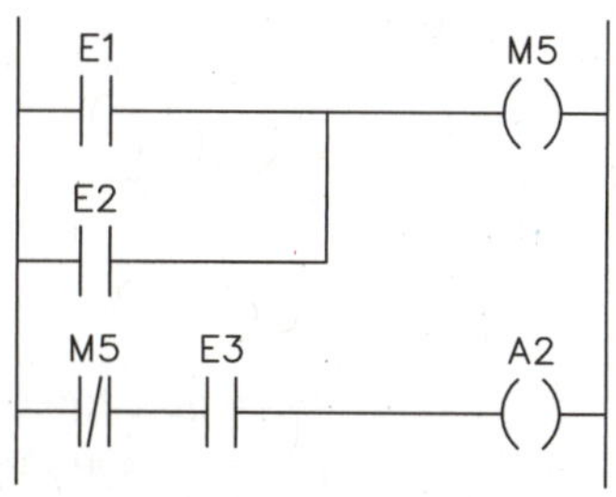

boolesche Schreibweise: ______________________

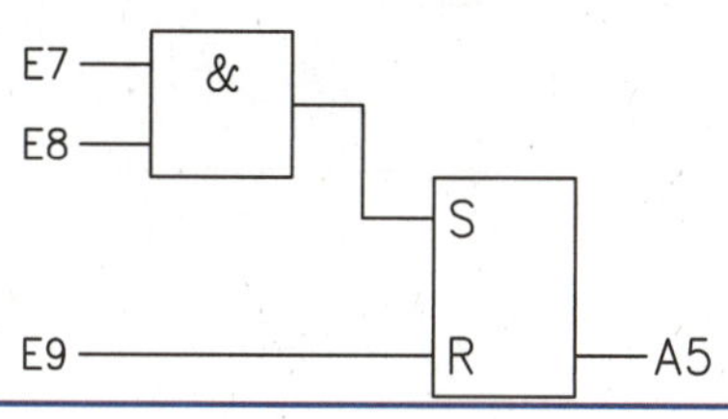

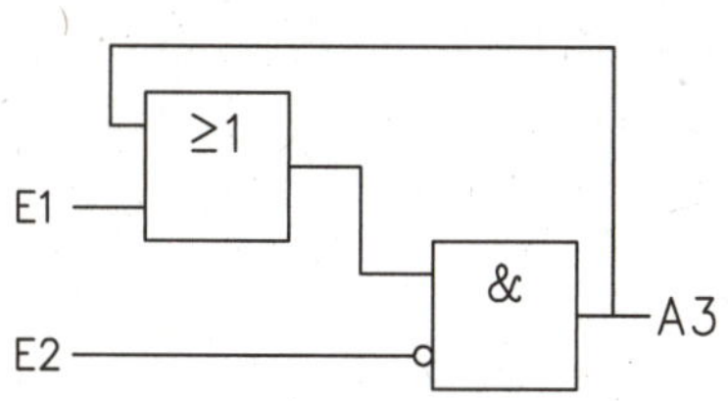

② Wofür können die folgenden weiteren Steuerfunktionen (Operationen) in speicherprogrammierbaren Steuerungen verwendet werden?

RS-Speicher: ______________________

Zeitgeber: ______________________

Zähler: ______________________

Merker: ______________________

C Ablaufsteuerungen

Welche allgemeinen Merkmale kennzeichnen eine Ablaufsteuerung (Schrittkette)?

D GRAFCET (DIN EN 60848)

Zeigen Sie am Beispiel der nebenstehenden Ablaufsteuerung den Unterschied zwischen speichernd wirkenden Aktionen und kontinuierlich wirkenden Aktionen. Vervollständigen Sie jeweils den Grafcet und ergänzen Sie den Kommentar.

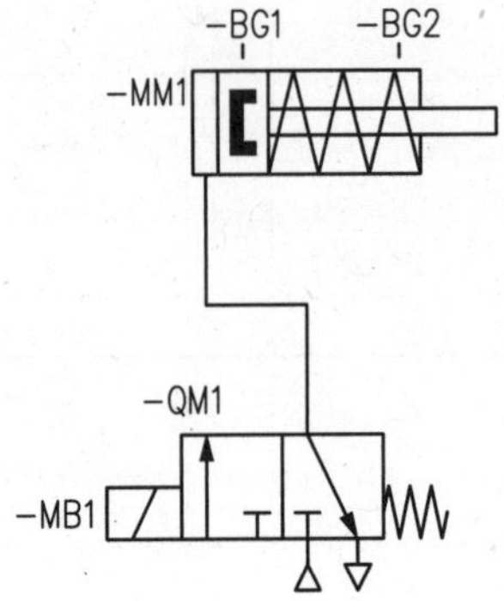

Ablaufsteuerung:
Nach Betätigung eines Tasters –SF1 soll der Zylinder –MM1 ausfahren und anschließend sofort wieder einfahren. Der Start soll nur möglich sein, wenn er sich in der Ausgangsstellung befindet.

a) GRAFCET mit speichernd wirkenden Aktionen

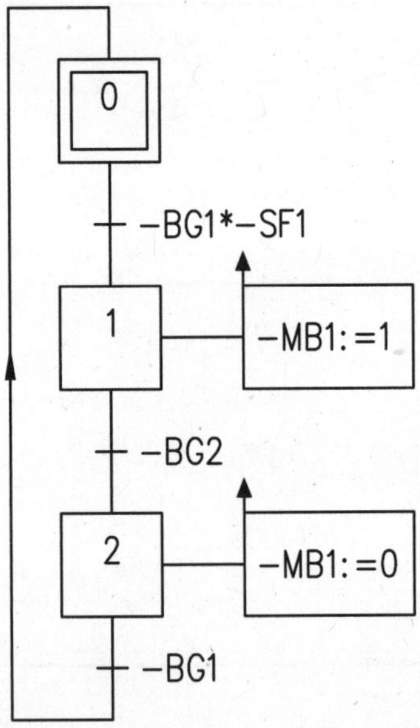

b) GRAFCET mit kontinuierlich wirkenden Aktionen

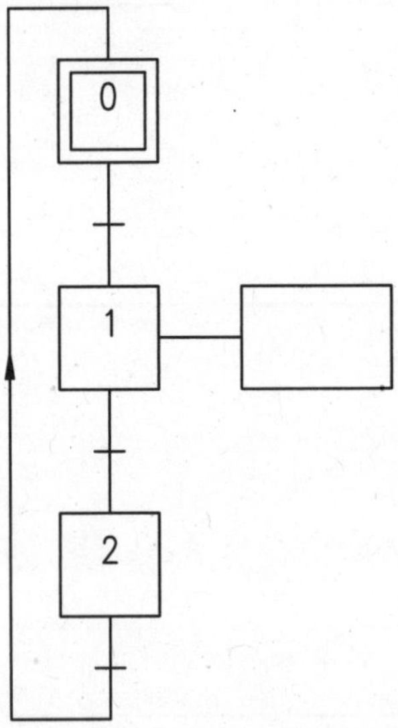

Kommentar:

c) Beschreiben Sie den Unterschied zwischen den beiden unterschiedlich wirkenden Aktionen.

E Realisierung der Ablaufsteuerung mit einer SPS

① Vervollständigen Sie die Zuordnungsliste (für die an Ihrer Schule vorhandene SPS), aus der ersichtlich ist, wofür bestimmte Eingänge und Ausgänge der SPS verwendet werden. Führen Sie auch die Merker auf, mit denen die einzelnen Schritte gesetzt werden. Übersetzen Sie anschließend die AWL in die Schreibweise Ihrer SPS.

Zuordnungsliste

Bauteil	Kennzeichen	Zuordnung	Kommentar
Taster (Schließer)	–SF1		Startsignal
Näherungsschalter	–BG1		Zylinder –MM1 eingefahren
	–MB1		
Merker	---		

② Schreiben Sie die Anweisungsliste
a) gemäß GRAFCET mit speichernd wirkenden Aktionen.
b) gemäß GRAFCET mit kontinuierlich wirkenden Aktionen.

Anweisungsliste (AWL)

a)

	Zeile	Operation	Operand	Erläuterungen
Schritt 1				
Schritt 2				
Ausgabeteil				

b)

Operation	Operand	Erläuterungen

c) Beschreiben Sie, wodurch sich die beiden Anweisungslisten unterscheiden.

③ Wie wird bei der Programmierung der Schrittkette mithilfe von Merkern sichergestellt, dass die einzelnen Schritte der Reihe nach durchlaufen werden und immer nur ein Schritt aktiv ist?

Planung

① Schreiben Sie einen GRAFCET für die Hubeinrichtung.

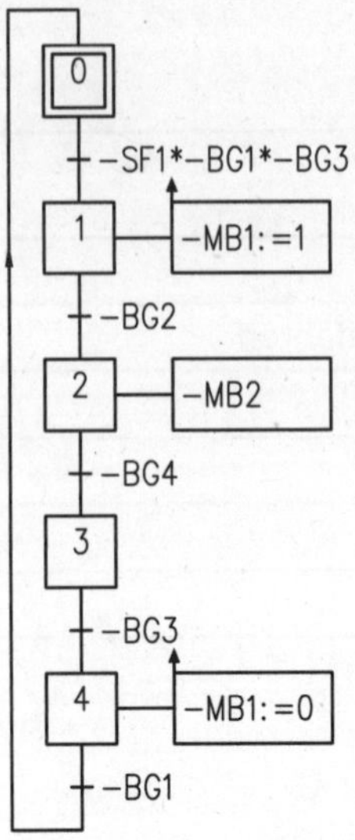

Kommentar:

② Erstellen Sie die Zuordnungsliste.

Bauteil	Kenn-zeichen	Zuordnung	Kommentar

Ausführung

① Erstellen Sie die Anweisungsliste für Ihre SPS und beachten Sie dabei die Regeln für eine Ablaufsteuerung.

	Zeile	Operation	Ope-rand	Erläuterungen
Schritt 1				
Schritt 2				
Schritt 3				

Schritt 4				
Ausgabeteil				

② Übertragen Sie das Programm auf die Steuerung und nehmen Sie die Anlage in Betrieb.

Kontrolle

① Überprüfen Sie die Funktion der Sensoren und Aktoren.

② Testen Sie die Steuerung und vergleichen Sie den Ablauf mit der geforderten Vorgabe (vgl. S. 77).

Bewertung

① Durch welche Maßnahmen bzw. Veränderungen könnte die Steuerung verbessert werden?

② Welche Vorteile haben speicherprogrammierte Steuerungen gegenüber verbindungsprogrammierten Steuerungen?

Nehmen Sie die hydraulische Hebeeinrichtung (s. Zeichnung unten) in Betrieb und überprüfen Sie die beschriebenen Leistungsmerkmale und die Betriebssicherheit der Anlage.

Informieren/orientieren Sie sich, indem Sie ...
- die einzelnen Bauteile bestimmen und deren Funktionsweise kennenlernen,
- die Funktionsweise eines Hydraulikaggregats klären,
- den Zusammenhang zwischen Druck und Kolbenkraft herausfinden,
- ermitteln, wovon die Kolbengeschwindigkeit abhängt,
- Pumpenkennlinien vergleichen,
- die Bedienungsanleitung der Anlage lesen,
- Sicherheitsbestimmungen der Anlage nachlesen,
- sich mit den vorhandenen Messgeräten vertraut machen.

Planen/entscheiden Sie, indem Sie ...
- Kriterien festlegen, mit denen beurteilt werden kann, ob die beschriebenen Leistungen erfüllt werden,
- die Messungen beschreiben,
- festlegen, welche Berechnungen durchzuführen sind,
- sich ggf. in die Belegungsliste für die Anlage eintragen.

Führen Sie den Auftrag aus, indem Sie ...
- einen normgerechten Schaltplan zeichnen,
- die erforderlichen Messgeräte anschließen,
- die Anlage in Betrieb nehmen,
- den Pumpenförderstrom bei verschiedenen Drücken messen,
- die Pumpenkennlinie zeichnen,
- die zu erwartende Kolbengeschwindigkeit berechnen,
- die mittlere Kolbengeschwindigkeit messen,
- den notwendigen Druck berechnen,
- den erforderlichen Druck messen,
- den Wirkungsgrad des Hydrozylinders und die maximale Hubkraft berechnen.

Kontrollieren Sie, indem Sie ...
- berechnete und gemessene Werte vergleichen,
- mögliche Abweichungen begründen,
- aus den Ergebnissen der Überprüfungen Schlüsse ziehen,
- auf etwaige Mängel der Hebeeinrichtung hinweisen.

Bewerten und dokumentieren/präsentieren Sie, indem Sie ...
- die gesamte Lernsituation kritisch überdenken,
- organisatorische Verbesserungen suchen,
- geeignete Medien auswählen und einen Vortrag ausarbeiten.

Information

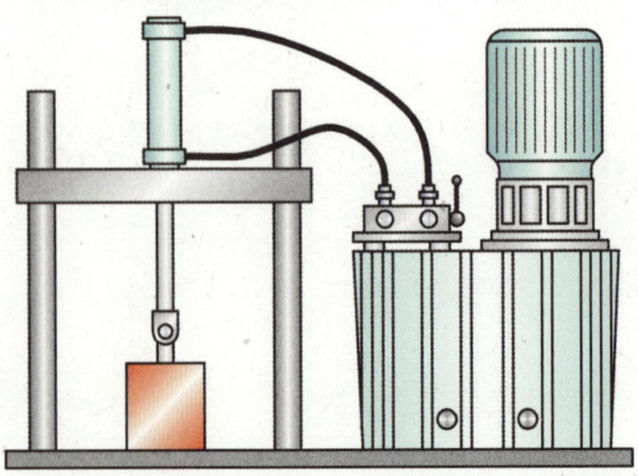

Hydraulische Hebeeinrichtung

Leistungsbeschreibung:

Die Hebeeinrichtung arbeitet mit einem doppeltwirkenden Zylinder (16/10/400). Sie kann Lasten bis maximal 10 kg mit einer Geschwindigkeit von 30 m/min heben.
Die Hydropumpe hat ein Verdrängungsvolumen von 2,8 cm^3.
Sie wird von einem Elektromotor mit 1 420 1/min angetrieben.
Das Hydraulikaggregat liefert einen konstanten Volumenstrom von 4 l/min. Der eingestellte Arbeitsdruck beträgt 40 bar.

Die Daten entsprechen einer bestimmten Anlage. Sollten Sie an Ihrer Schule über eine andere hydraulische Anlage verfügen, können Sie die oben angegebenen Daten anpassen.

A Komponenten einer Hydraulikanlage

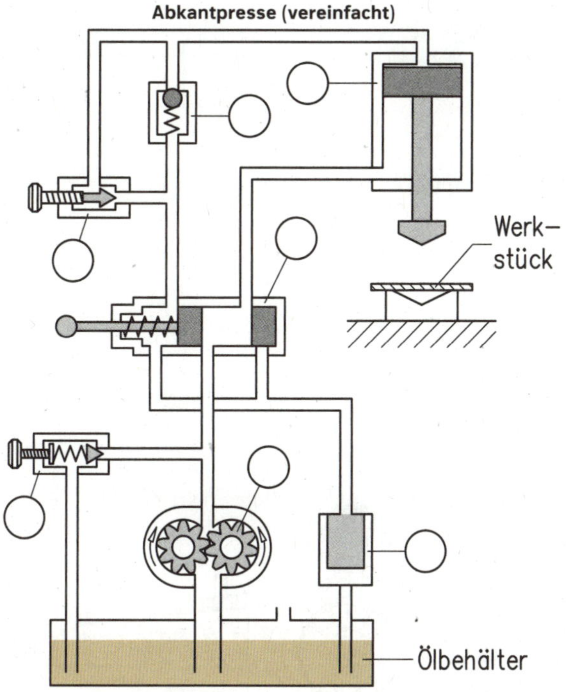

① Schwärzen oder schraffieren Sie den Teil der Anlage, der unter Druck steht.

② Die einzelnen Bauelemente der abgebildeten hydraulischen Anlage erfüllen bestimmte Aufgaben. Tragen Sie die Ziffern der Aufgabenbeschreibungen bei den entsprechenden Bauelementen ein.

① Ölpumpe (Druckerzeuger)
② Dieses Ventil schützt die Anlage vor einer Drucküberlastung.
③ Dieses Ventil steuert Beginn, Ende und Richtung des Ölstroms.
④ Dieses Ventil begrenzt die Menge des durchfließenden Ölstroms.
⑤ Dieses Ventil lässt den Ölstrom nur in einer Richtung durchfließen und sperrt ihn in der anderen Richtung.
⑥ In diesem Bauteil wird die Energie des Öldrucks umgewandelt in mechanische Arbeit.
⑦ Ölfilter

Welche genaueren Bezeichnungen tragen die Bauelemente?

B Hydropumpen

① Was versteht man unter dem Verdrängungsvolumen einer Pumpe?

② Wodurch unterscheiden sich Konstantpumpen von Verstellpumpen?

③ Benennen Sie jede dargestellte Pumpe mit der fachgerechten Bezeichnung.

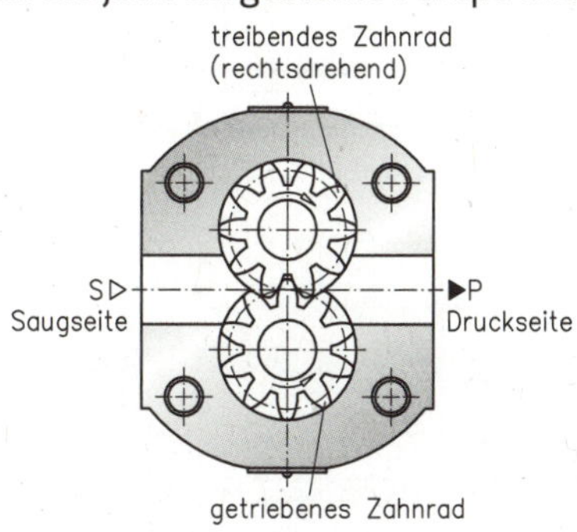

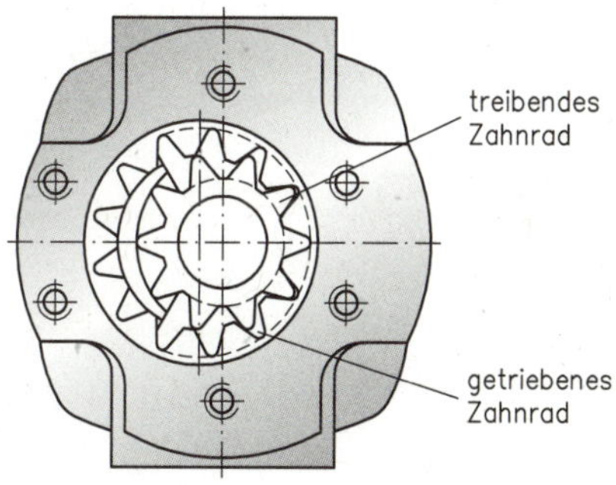

Wie kommt das Verdrängungsvolumen bei diesen beiden Pumpen zustande?

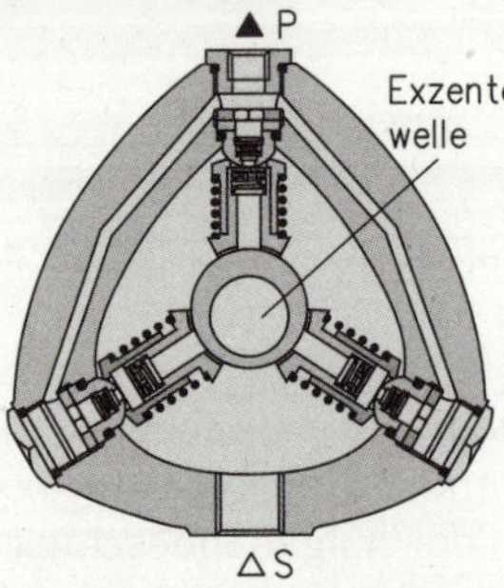

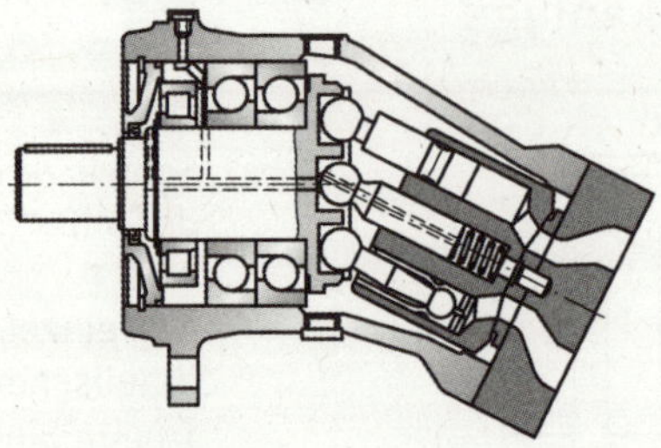

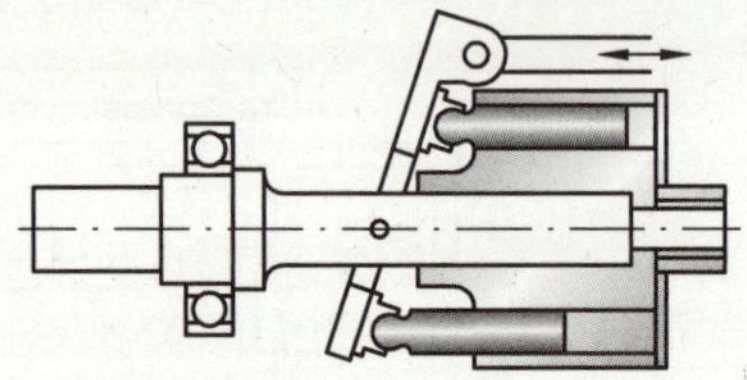

Wie kommt das Verdrängungsvolumen bei Kolbenpumpen zustande?

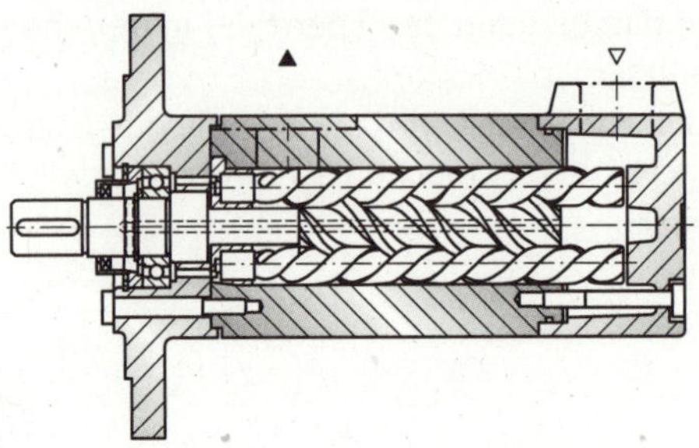

Das Verdrängungsvolumen ergibt sich ...

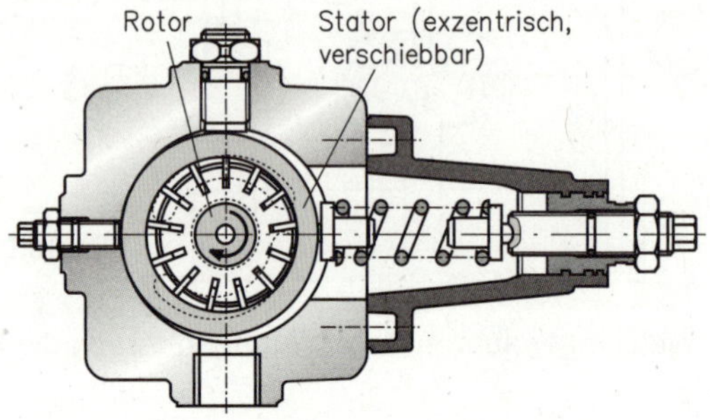

Das Verdrängungsvolumen ergibt sich ...

④ Skizzieren Sie die Sinnbilder für
a) eine Konstantpumpe mit zwei Förderrichtungen,
b) eine Verstellpumpe mit einer Förderrichtung.

a) b)

⑤ Eine Zahnradpumpe mit zwei außenverzahnten Rädern (Modul 4 mm, 7 Zähne, Breite 15 mm) wird von einem Elektromotor mit konstanter Drehzahl (980 1/min) angetrieben.
a) Ermitteln Sie überschlägig das Verdrängungsvolumen.
b) Bestimmen Sie den Förderstrom Q in l/min.
c) Deuten Sie die dargestellte Pumpenkennlinie.

a)

b)

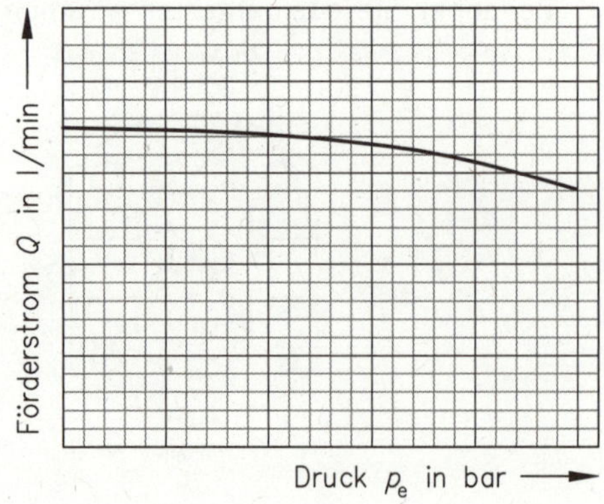

c)

C Hydrozylinder

Informieren Sie sich über die Funktionsweise dieser Hydrozylinder und bezeichnen Sie die jeweiligen Darstellungen.

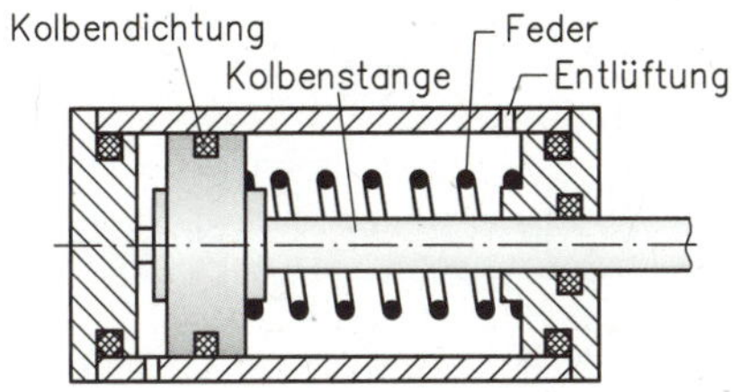

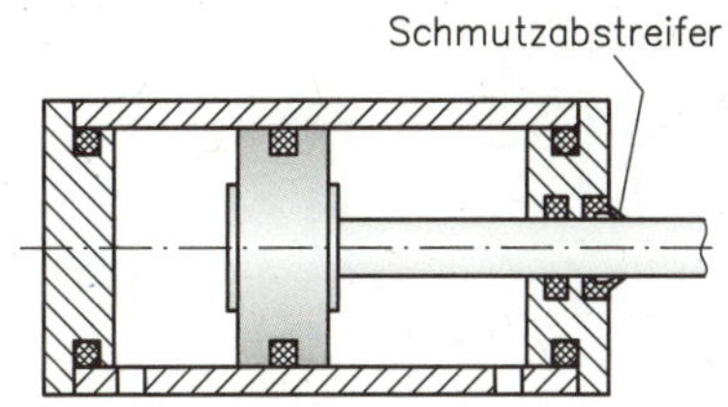

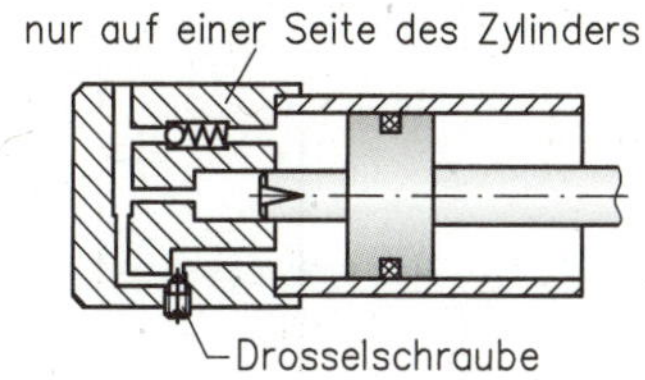

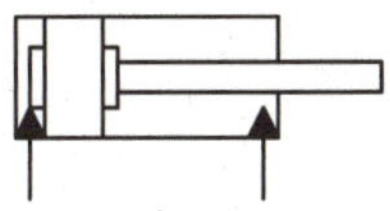

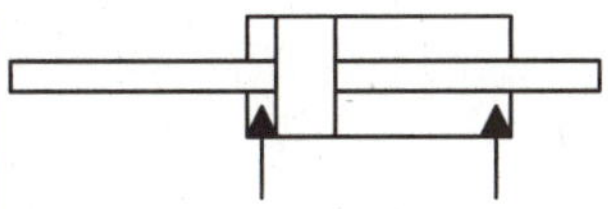

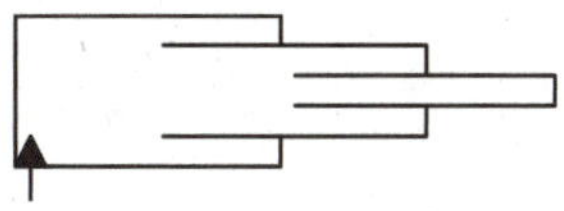

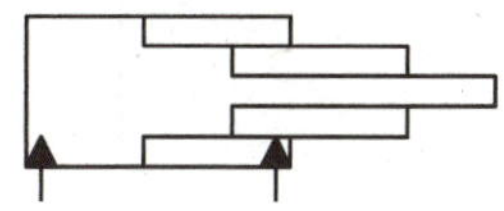

In einer hydraulischen Steuerung ist ein Arbeitsdruck von 60 bar eingestellt. Die Pumpe fördert 5 l/min. Der doppeltwirkende Zylinder (50/30/600) hat einen Wirkungsgrad von 80 %.

a) Erläutern Sie, wodurch der Wirkungsgrad eines Zylinders gemindert wird.
b) Berechnen Sie die maximale Kolbenkraft beim Vorhub und beim Rückhub.
c) Ermitteln Sie die maximale Kolbengeschwindigkeit beim Vorhub und beim Rückhub.

a)

b) Wirksame Kolbenfläche beim ...

Vorhub (Ausfahren):

Rückhub (Einfahren):

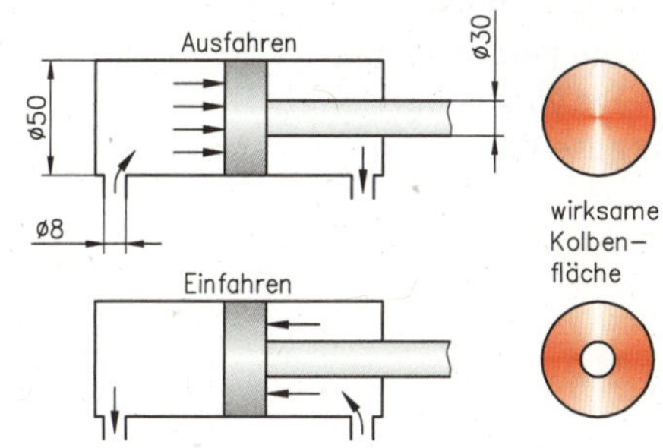

Kolbenkraft:
$F = p_e \cdot A \cdot \eta$

p_e	Druck (in N/mm^2)
A	wirksame Kolbenfläche
η	Wirkungsgrad

Vorhub (Ausfahren):

Rückhub (Einfahren):

c) Kolbengeschwindigkeit
$v = \frac{Q}{A}$

Q	Volumenstrom
A	wirksame Kolbenfläche

Vorhub (Ausfahren)

Rückhub (Einfahren)

D Druckventile

Informieren Sie sich über die Funktionsweise dieser Druckventile und geben Sie deren Bezeichnung und Verwendungszweck in hydraulischen Steuerungen an.

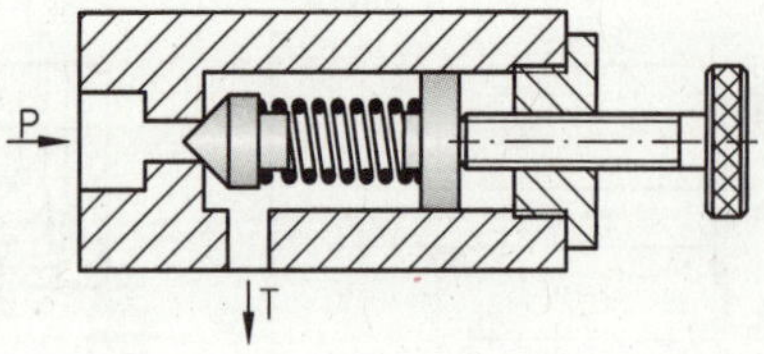

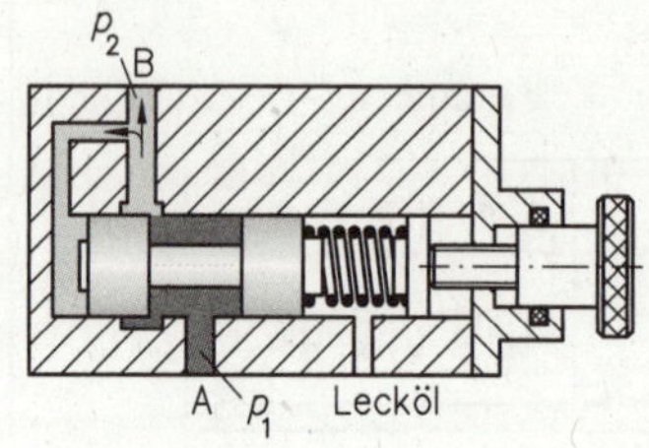

Bezeichnung:

Funktionsweise:

Verwendung:

E Wegeventile

① Erläutern Sie diese Symbole für Wegeventile.

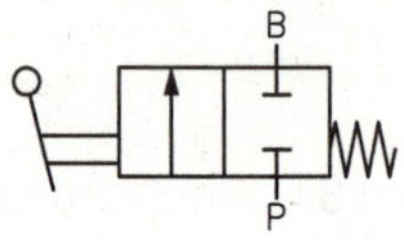

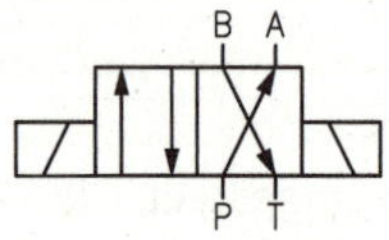

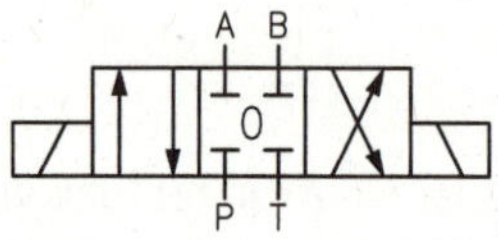

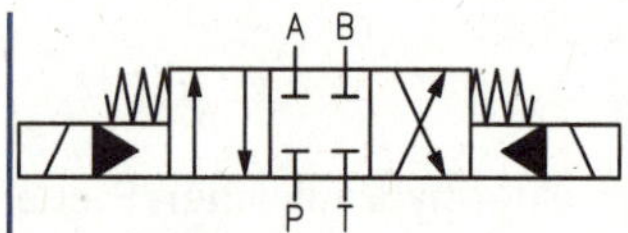

② Benennen Sie die beiden Komponenten dieses vorgesteuerten Wegeventils.

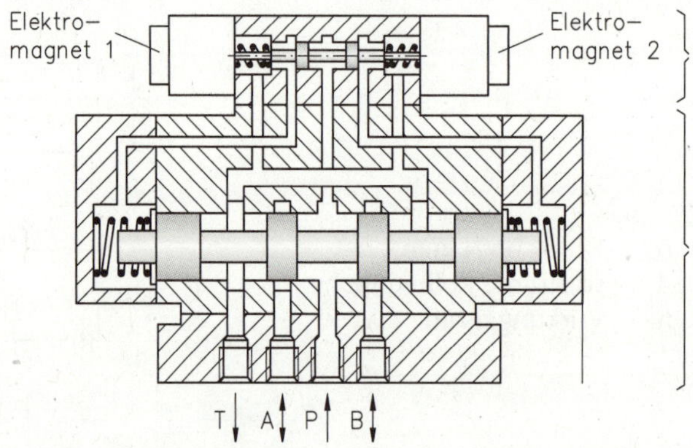

③ Stellen Sie die unterschiedlichen Bauarten der beiden skizzierten Wegeventile fest. Welche Besonderheiten und welche Verwendung haben sie?

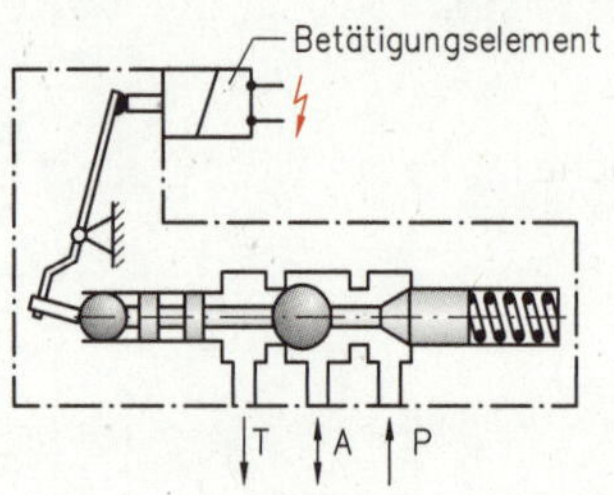

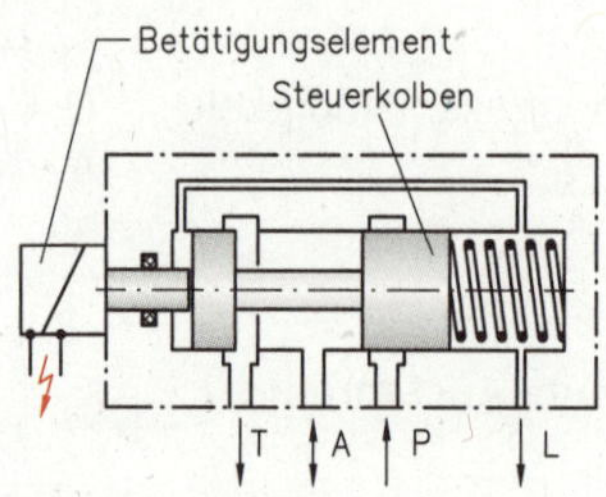

Bauart:

Vorteil:

Verwendung:

Planung

Stellen Sie selbst Kriterien auf, nach denen später beurteilt werden kann, ob die Hebeeinrichtung diese erfüllt.

Ausführung

① Zeichnen Sie einen normgerechten Schaltplan für die Hebeeinrichtung (vgl. S. 84).

② Ermitteln Sie den Pumpenförderstrom bei verschiedenen Drücken und zeichnen Sie die Pumpenkennlinie.

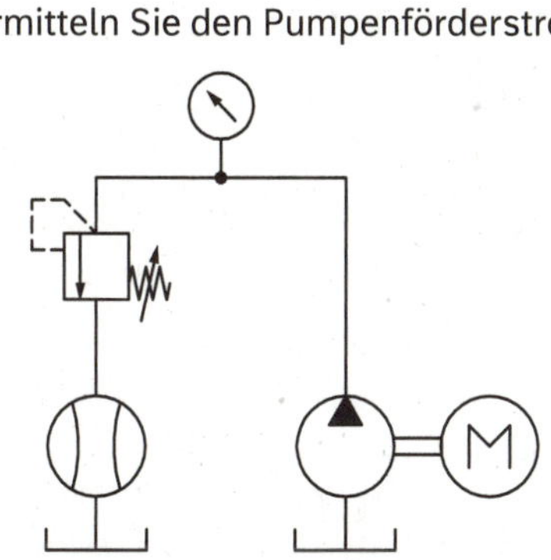

Druck p_e in bar	Förderstrom Q in l/min

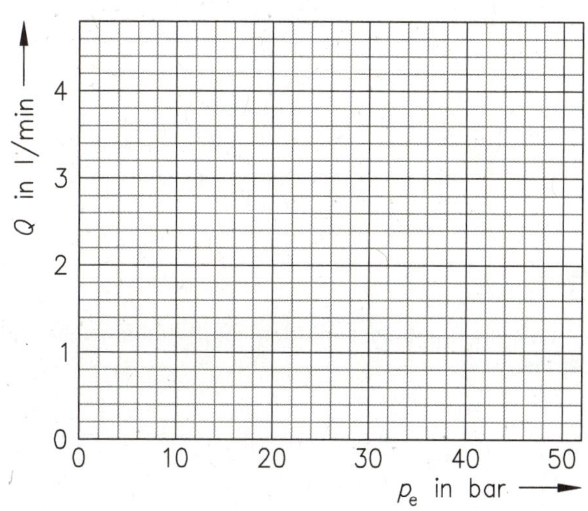

③ Berechnen Sie mit den Daten der Leistungsbeschreibung (vgl. S. 84) den Förderstrom der Pumpe, die Kolbengeschwindigkeit beim Einfahren und die erforderliche Zeit für das vollständige Einfahren.

④ Stellen Sie den Arbeitsdruck richtig ein und ermitteln Sie die Zeit für den vollständigen Rückhub unter verschiedenen Belastungen, indem Sie aus mehreren Messungen Mittelwerte bilden. Berechnen Sie jeweils auch die mittlere Kolbengeschwindigkeit.

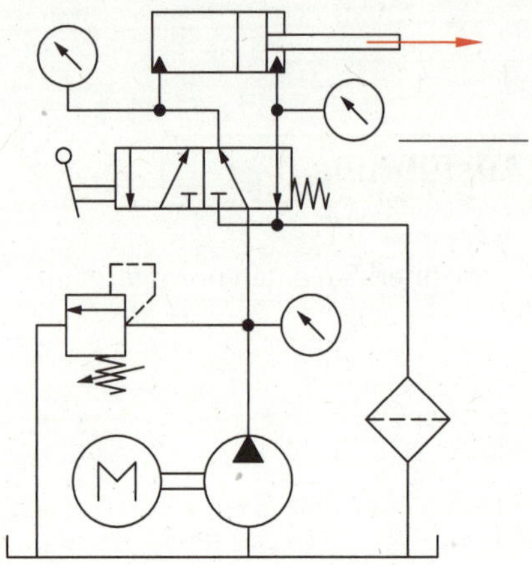

Last (Zugkraft) in N			
Zeit für Rückhub in s			
mittlere Kolbengeschwindigkeit in m/min			

⑤ Berechnen Sie den theoretischen Druck im Zylinder, wenn er mit dem zur Verfügung stehenden Prüfgewicht belastet wird.

Prüfen Sie den Druck im Zylinder (bei ausgeschaltetem Aggregat) unter der Prüflast, indem Sie die Masse mehrmals von Hand heben und wieder loslassen.

⑥ Ermitteln Sie bei eingeschaltetem Hydraulikaggregat den Mindestdruck zum Heben der Prüflast, indem Sie am Druckbegrenzungsventil den Druck langsam verändern.
Berechnen Sie anschließend den Wirkungsgrad des Zylinders und seine maximale Hubkraft.

Kontrolle

Vergleichen Sie die Ergebnisse mit den von Ihnen formulierten Prüfkriterien bzw. mit der Leistungsbeschreibung für die Hebeeinrichtung.

Bei einem Hydromotor wird mit einer Drossel die Drehzahl gesteuert. Bei wechselnder Belastung zeigen sich starke Drehzahlschwankungen. Ermitteln Sie die Ursache für die Drehzahlschwankungen, entscheiden Sie sich für eine Verbesserung und zeigen Sie deren Wirksamkeit.

Informieren/orientieren Sie sich, indem Sie ...
- sich über die Bauart und Funktionsweise von Hydromotoren erkundigen,
- den Zusammenhang zwischen Volumenstrom und Drehzahl ermitteln,
- sich mit Stromventilen vertraut machen,
- die Bedeutung der Volumenstromaufteilung herausstellen,
- den Zusammenhang zwischen Druckdifferenz am Drosselventil und Volumenstrom herausfinden,
- sich mit den Messgeräten vertraut machen.

Planen/entscheiden Sie, indem Sie ...
- eine Möglichkeit suchen, veränderbare Belastungen des Hydromotors zu simulieren,
- einen Versuchsaufbau entwerfen, mit dem Sie die erforderlichen Messungen durchführen können,
- eine Möglichkeit wählen, Zusammenhänge grafisch darzustellen,
- festlegen, welche Verbesserungen infrage kommen,
- vorschlagen, wie die Wirksamkeit dieser Verbesserung bestätigt werden kann,
- sich ggf. in die Belegungsliste für die Anlage eintragen.

Führen Sie den Auftrag aus, indem Sie ...
- einen normgerechten Schaltplan zeichnen,
- die Anlage in Betrieb nehmen,
- die vorgegebenen Einstellungen vornehmen,
- die Messungen durchführen,
- die Drosselkennlinie ermitteln,
- die Verbesserung vornehmen,
- die Verbesserung durch eine Kennlinie untersuchen,
- die Änderung im Schaltplan vornehmen.

Kontrollieren Sie, indem Sie ...
- die Kennlinien vergleichen,
- die Eignung der Anlagenänderungen beurteilen,
- Ihre Ergebnisse mit den Ergebnissen anderer Gruppen vergleichen.

Bewerten und dokumentieren/präsentieren Sie, indem Sie ...
- die gesamte Lernsituation kritisch überdenken,
- geeignete Medien auswählen und einen Vortrag ausarbeiten.

Information

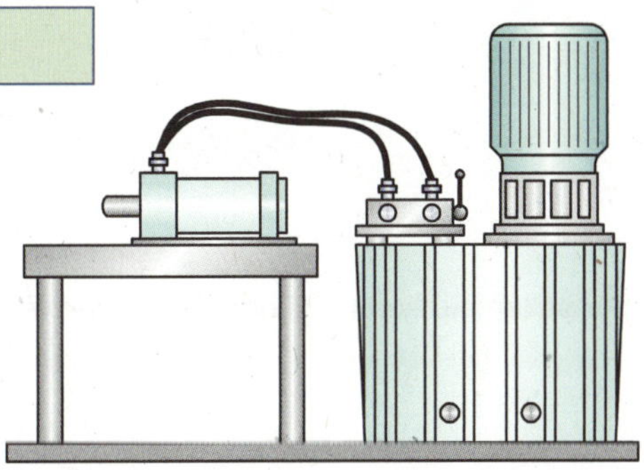

Arbeitsdruck:	40 bar
Schluckvolumen:	8,7 cm^3
Förderstrom:	4,0 l/min
Soll-Drehzahl:	250 1/min

A Hydromotoren

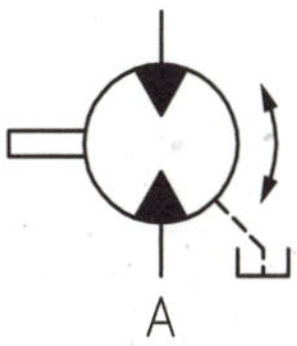

① a) Vergleichen Sie Hydromotoren und Hydropumpen hinsichtlich ihres Aufbaus.
b) Was versteht man unter dem sog. Schluckvolumen eines Hydromotors?
c) Erklären Sie das dargestellte Symbol.

a) ______________________________

b) ______________________________

c) ______________________________

② Ein Hydromotor hat ein Schluckvolumen von 95 cm³. Er wird mit einem Volumenstrom von 65 l/min beaufschlagt. Berechnen Sie die Drehzahl des Motors.

$$n = \frac{Q}{V}$$

B Stromventile

① Welche Aufgaben haben Stromventile?

② a) Wie bezeichnet man die abgebildeten Stromventile fachgerecht?
b) Welche Besonderheiten haben sie?
c) Skizzieren Sie das Schaltzeichen mithilfe des Tabellenbuchs.

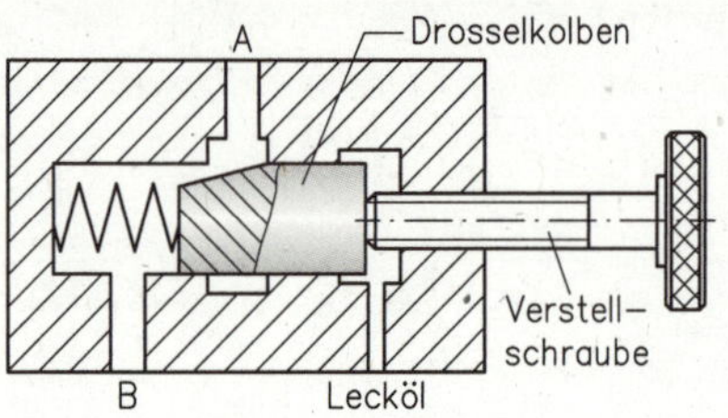

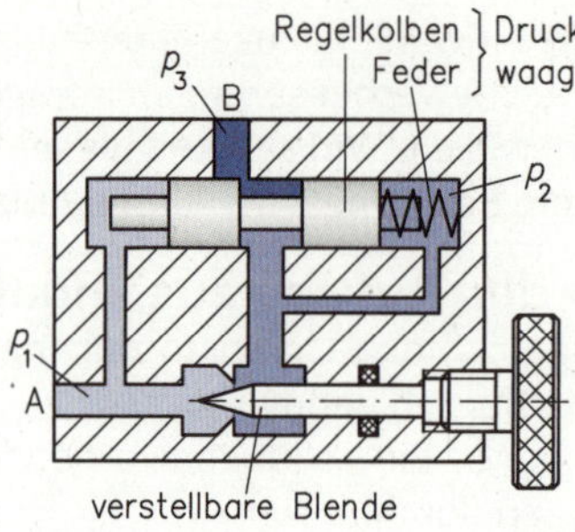

a)

b)

c)

a)

b)

c)

③ Von welchen physikalischen Größen hängt der Volumenstrom durch ein Drosselventil hauptsächlich ab?

④ Wie kann in einer hydraulischen Steuerung der Volumenstrom zu einem Zylinder verringert werden, obwohl die Hydropumpe einen konstanten Förderstrom liefert?

⑤ Beschreiben Sie ausführlich, was mit dem Volumenstrom passiert, wenn an einem Drosselventil in einer hydraulischen Steuerung der Drosselquerschnitt von „ganz offen“ schrittweise auf „ganz geschlossen“ verringert wird.

Planung

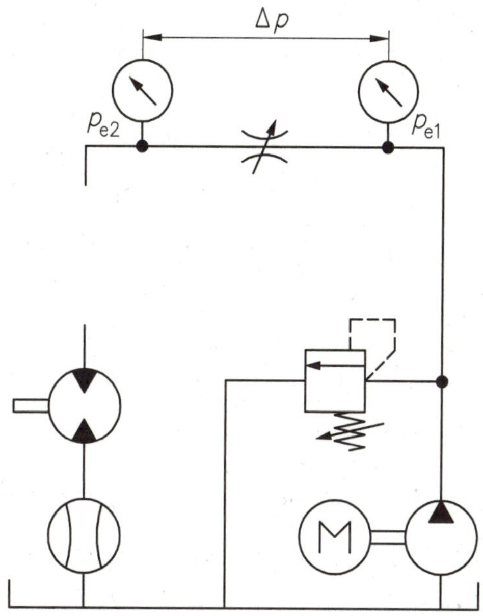

① Zeichnen Sie vor den Hydromotor ein Druckbegrenzungsventil zum Simulieren der Last ein.

② Der Hydromotor hat ein Schluckvolumen von 8,7 cm³. Er soll mit einer Drehzahl von 250 1/min laufen. Berechnen Sie den erforderlichen Volumenstrom.

Ausführung

① Nehmen Sie die Anlage in Betrieb und stellen Sie bei geschlossenem Drosselventil den Arbeitsdruck 40 bar ein. Entlasten Sie das Druckbegrenzungsventil zur Lastsimulierung und stellen Sie mit der Drossel den passenden Volumenstrom für eine Drehzahl von 250 1/min ein.

Erhöhen Sie schrittweise die Belastung des Hydromotors, indem Sie mit dem DBV die jeweiligen Drücke $_{e2}$ einstellen. Messen Sie jeweils den Volumenstrom bzw. die Drehzahl des Hydromotors und berechnen Sie die fehlenden Werte. Stellen Sie die Ergebnisse im Diagramm grafisch dar.

p_{e2}	p_{e1}	Δp	Q	n
10 bar				
15 bar				
20 bar				
25 bar				
30 bar				
35 bar				
40 bar				

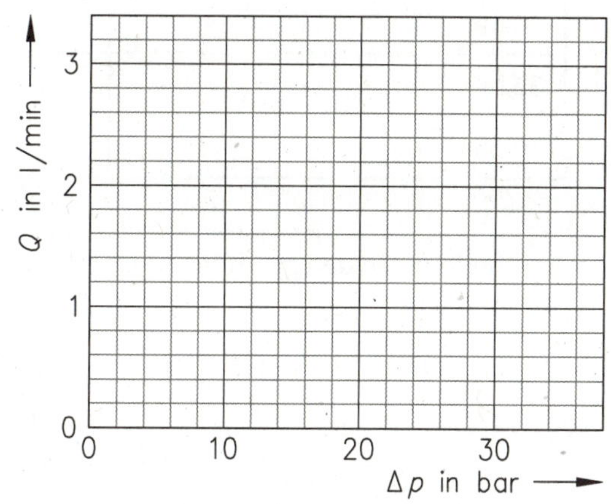

② Beschreiben Sie den gefundenen Zusammenhang zwischen Druckdifferenz an der Drossel und Volumenstrom (bei gleichbleibender Drosseleinstellung), indem Sie eine Gesetzmäßigkeit formulieren.

③ Wie wirkt sich eine höhere Belastung des Hydromotors auf die Druckdifferenz, den Volumenstrom und seine Drehzahl aus?

Verbesserungsvorschlag:
Tauschen Sie das Drosselventil gegen ein Stromregelventil aus und ergänzen Sie den Schaltplan. Führen Sie die gleichen Einstellungen und Messungen wie beim Drosselventil durch.

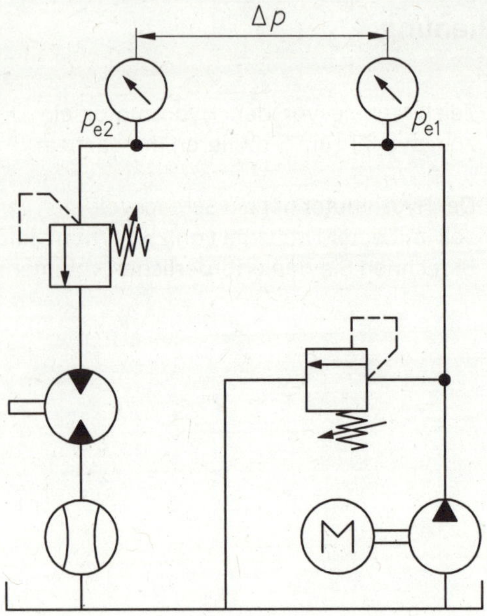

p_{e2}	p_{e1}	Δp	Q	n
10 bar				
15 bar				
20 bar				
25 bar				
30 bar				
35 bar				
40 bar				

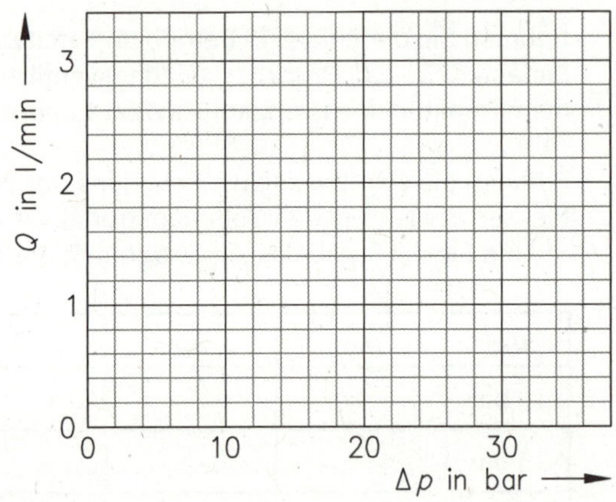

Beschreiben Sie den gefundenen Zusammenhang zwischen Druckdifferenz am Stromregelventil und dem Volumenstrom.

Kontrolle

Vergleichen Sie die beiden Kennlinien und beurteilen Sie die Eignung des Stromregelventils.

Bewertung

Geben Sie die gewonnenen Erkenntnisse in geeigneter Weise an Ihre Mitschüler weiter.

A Vergleich: Konventionelle Maschine – numerisch gesteuerte Maschine

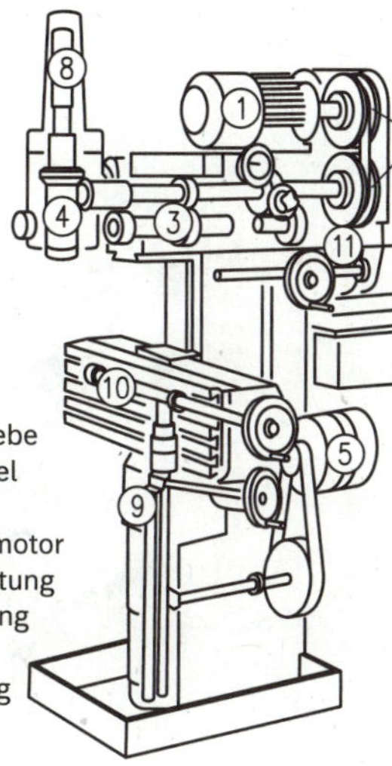

1 Hauptmotor
2 Stufenloses Regelgetriebe
3 Horizontalarbeitsspindel
4 Vertikalarbeitsspindel
5 Gleichstrom-Vorschubmotor
8 Werkzeugspannvorrichtung
9 Vertikale Tischverstellung
10 Kreuzsupport
11 Spindelstockverstellung

2

1 Ständerfuß
2 Maschinenständer
2.1 Gleichstrom-Vorschubmotor
2.2 Gleichstrom-Vorschubmotor
3 Kreuzsupport
3.1 Gleichstrom-Vorschubmotor
3.2 Sattel für Aufspanntisch
4 Spindelstock
4.1 Hauptmotor
4.2 Hauptgetriebe
5 Vertikalfräskopf
5.1 Vertikal-Arbeitsspindel
6 Kommandostation mit CNC-Steuerung
6.1 Schaltschrank

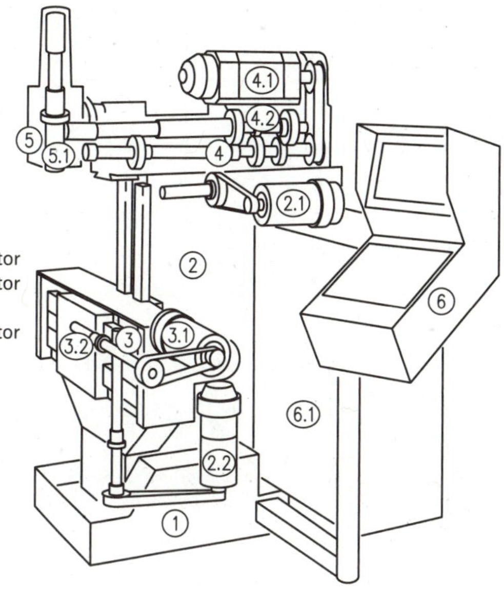

Wie unterscheiden sich eine konventionelle handbediente Fräsmaschine und eine numerisch gesteuerte Fräsmaschine in Bezug auf

konventionelle Fräsmaschine		numerisch gesteuerte Fräsmaschine
	Hauptantrieb	
	Hauptgetriebe	
	Vorschubantriebe	
	Handbedienung	
	Wegbestimmung	
	Vorschubspindeln	
	Führungsbahnen	
	Werkzeugspannung	

B Koordinatensysteme

① Tragen Sie die Haupt- und Drehachsen des rechtshändigen Koordinatensystems in die Tabelle ein.

Hauptachsen	Drehachsen

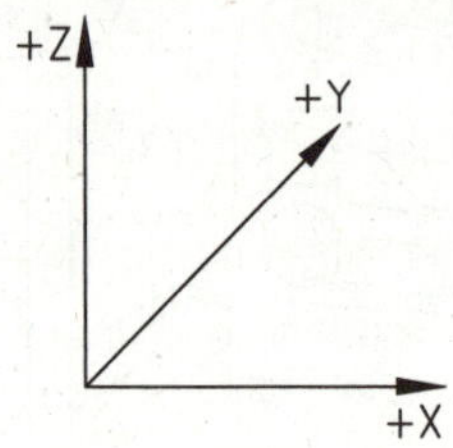

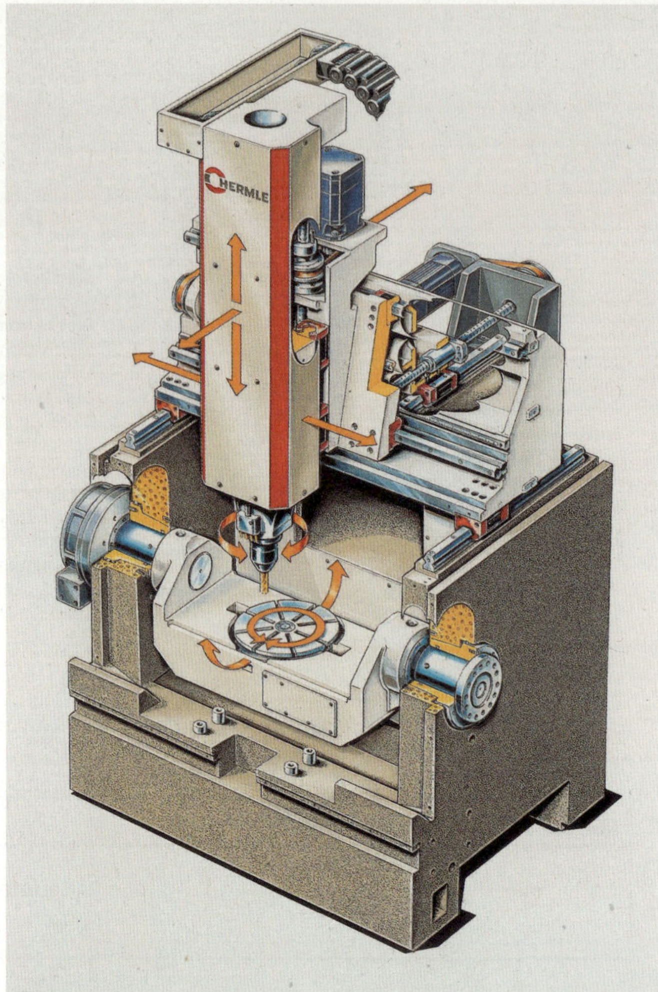

② Tragen Sie die Drehachsen A, B und C in das gegebene Koordinatensystem ein. Die positive Drehrichtung ist – vom Nullpunkt aus in positiver Achsrichtung gesehen – im Uhrzeigersinn.

Benennen Sie die Hauptachsen sowie die Drehachsen von Rundtisch und Schwenktisch der abgebildeten CNC-Fräsmaschine.

C Übungen mit Koordinatensystemen

Bei CNC-Werkzeugmaschinen gibt es verschiedene Koordinatensysteme, bezogen auf die Maschinenart. Die Hauptspindel ist die Z-Achse.
Der Programmierer geht immer davon aus, dass sich das Werkzeug bewegt.

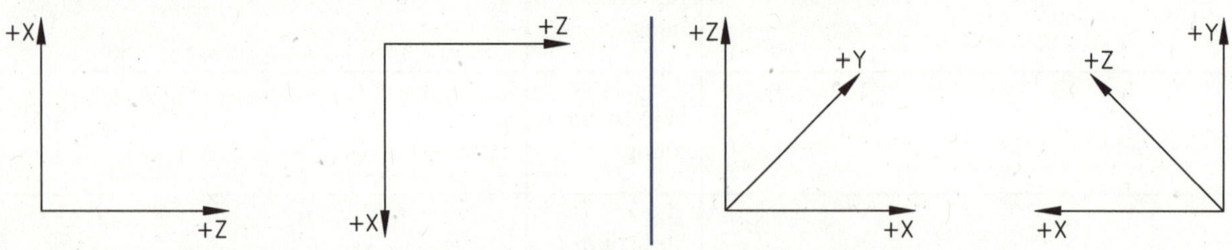

① Um welche Werkzeugmaschinen handelt es sich bei den abgebildeten Koordinatensystemen? (Blickrichtung vor der Maschine stehend auf das Werkstück)

② Tragen Sie die Koordinatenpunkte in die Tabelle ein. Beachten Sie dabei, dass beim Drehen alle X-Koordinaten auf den Durchmesser bezogen sind! Die Größe der Quadrate soll 5 mm betragen.

Drehmaschine | **Fräsmaschine**

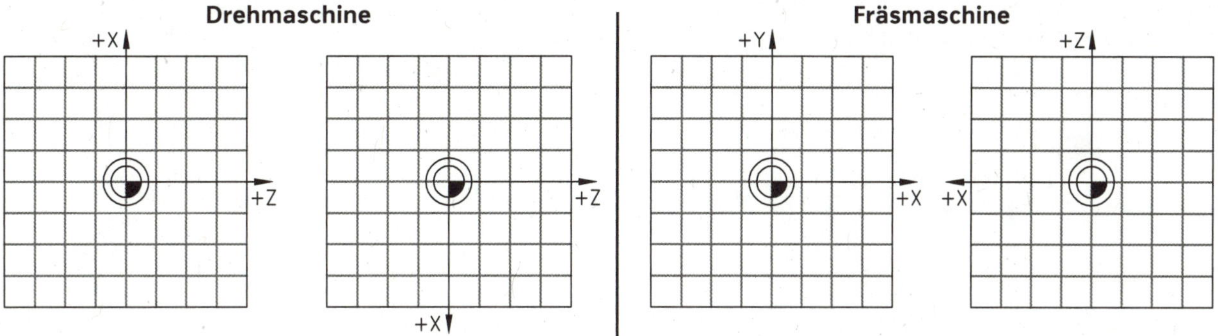

	X	Z
P1		
P2		
P3		
P4		

	X	Z
P5		
P6		
P7		
P8		

	X	Y
P9		
P10		
P11		
P12		

	X	Z
P13		
P14		
P15		
P16		

D Bezugspunkte

Im Arbeitsraum einer Werkzeugmaschine werden besondere Punkte durch Symbole gekennzeichnet.

① Ergänzen Sie die Tabelle der Bezugspunkte mithilfe des Tabellenbuchs.

Symbol	Kenn-buchstabe	Bezeichnung

② Tragen Sie in die skizzierte Senkrecht-Fräsmaschine und die Drehmaschine die Achsrichtungen ein und versehen Sie die Symbole der Bezugspunkte mit den entsprechenden Kennbuchstaben.

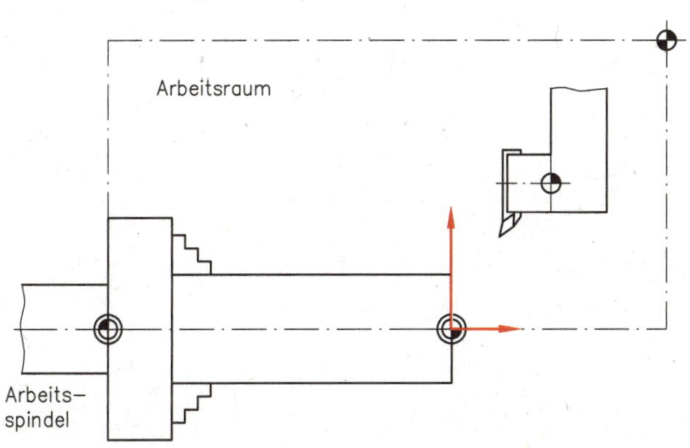

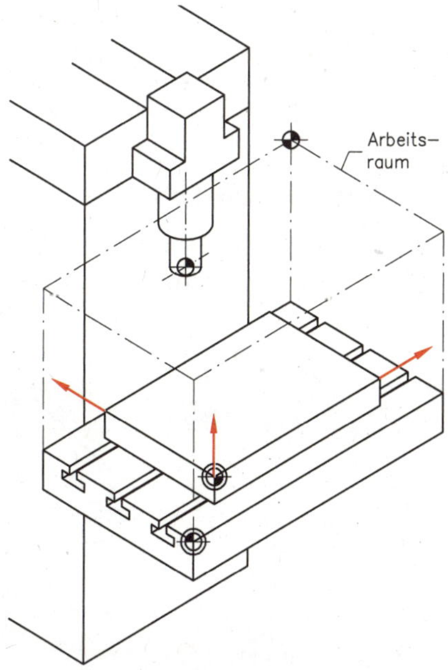

E Regelkreise

Die Abbildung zeigt den Regelkreis für eine Achse einer NC-gesteuerten Werkzeugmaschine.
Erläutern Sie die abgebildeten Komponenten.

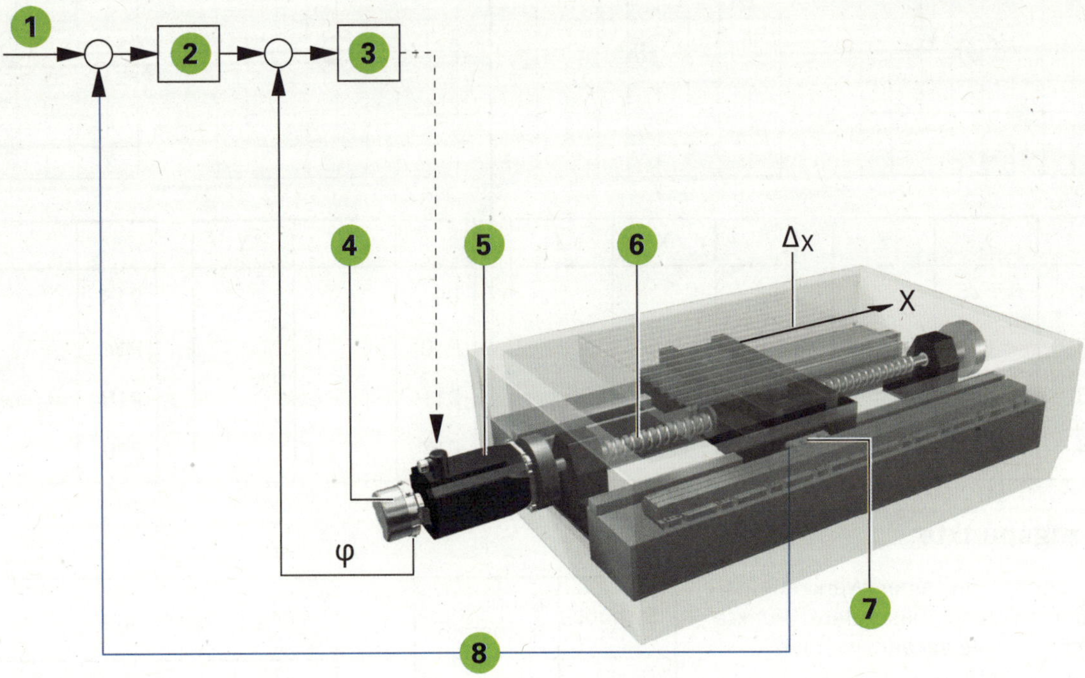

① Sollwert ______

② Lageregelung ______

③ Geschwindigkeitsregelung ______

④ Drehgeber ______

⑤ Motor ______

⑥ Kugelgewindetrieb ______

⑦ Wegmesssystem ______

⑧ Meldung ______

F Steuerungsarten

Die unten dargestellten prismatischen und zylindrischen Werkstücke sollen auf einer numerisch gesteuerten Werkzeugmaschine bearbeitet werden. Welche Steuerungsart ist dazu mindestens erforderlich?

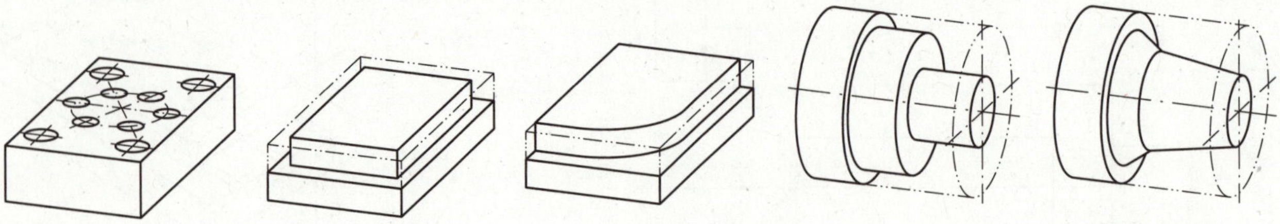

G Fotoelektrische Wegmesssysteme

Die Messung der Schlittenposition erfolgt durch Lichtenergie, welche von den Fotoelementen gemessen wird. Anwendung finden die inkrementale und die absolute Wegmessung.

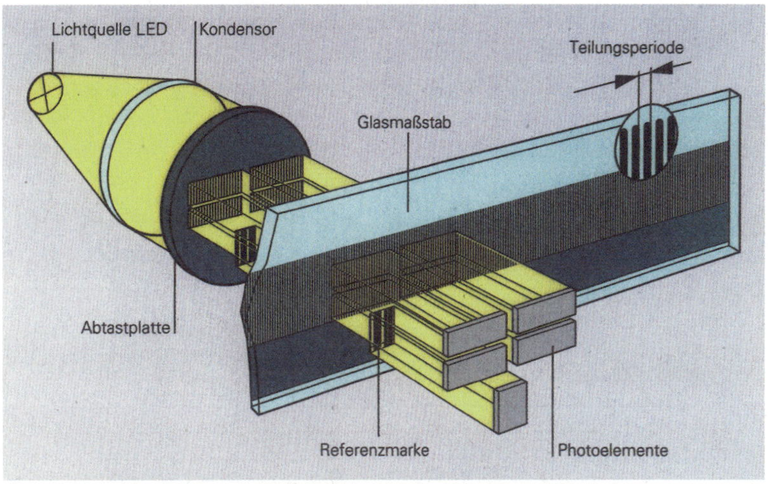

Inkrementales Wegmesssystem

Benennen und beschreiben Sie die Funktionen der photoelektrischen Wegmesssysteme.

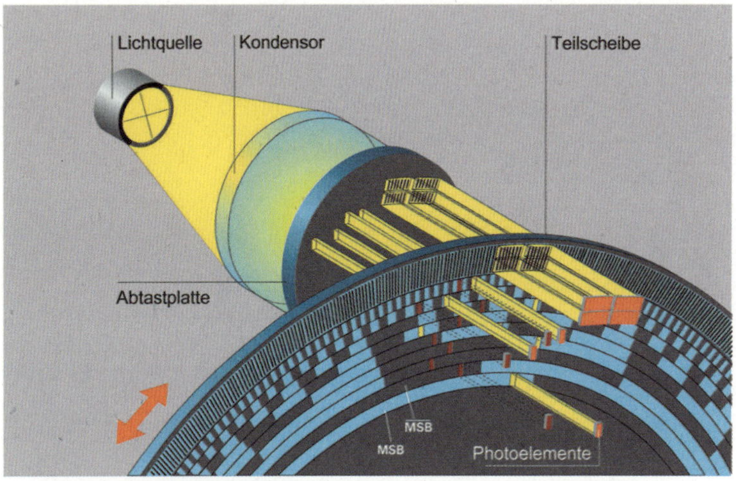

Absolutes Wegmesssystem

H Kugelgewindetrieb

Kugelgewindetriebe sind präzise Antriebselemente für genaue Vorschub- und Positionieraufgaben.
Nennen Sie die Vorteile des Kugelgewindetriebs.

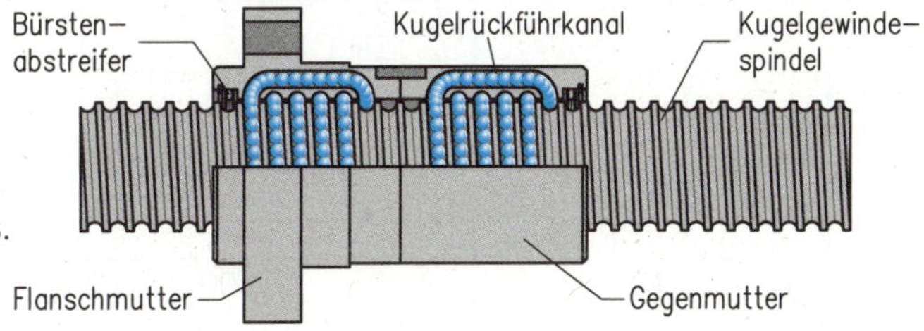

A Übungen mit absoluten Maßen

Zeichnen Sie den Werkstück-Nullpunkt ein und programmieren Sie die Werkzeugbewegungen im Absolutmaß. Benennen Sie die geometrischen Funktionen G00 und G01 und tragen Sie diese in das Programm ein. Die breite Volllinie soll 3 mm tief gefräst werden, ohne technologische Daten.

G00 ______________________

G01 ______________________

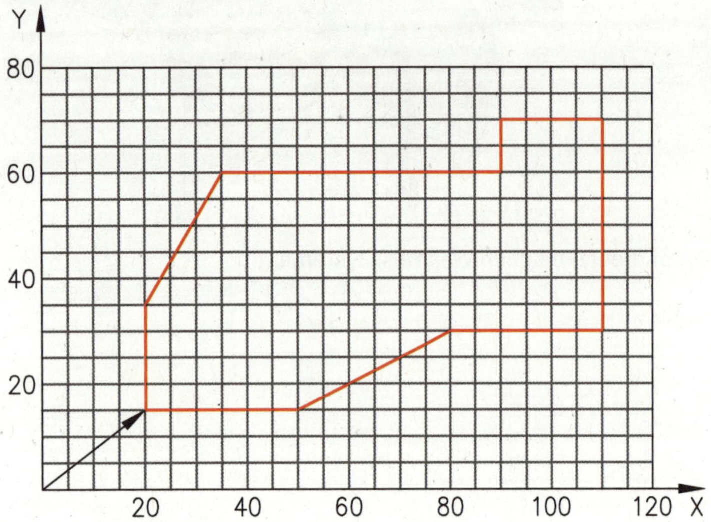

N	G	X	Y	Z
N1				
N2				
N3				
N4				
N5				
N6				
N7				
N8				
N9				
N10				
N11				
N12				
N13				

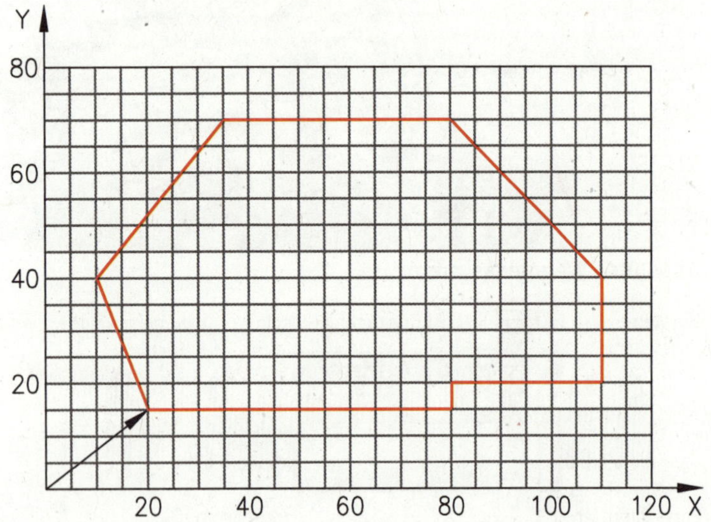

N	G	X	Y	Z
N1				
N2				
N3				
N4				
N5				
N6				
N7				
N8				
N9				
N10				
N11				
N12				
N13				

B Übungen mit Kreisinterpolation

① Erläutern Sie folgende G-Funktionen nach DIN 66025.

G02 ______

G03 ______

X ______

Y ______

I ______

J ______

② Zeichnen Sie den Werkstück-Nullpunkt ein und erstellen Sie das CNC-Programm ohne technologische Daten. Die breite Volllinie soll 3 mm tief gefräst werden.

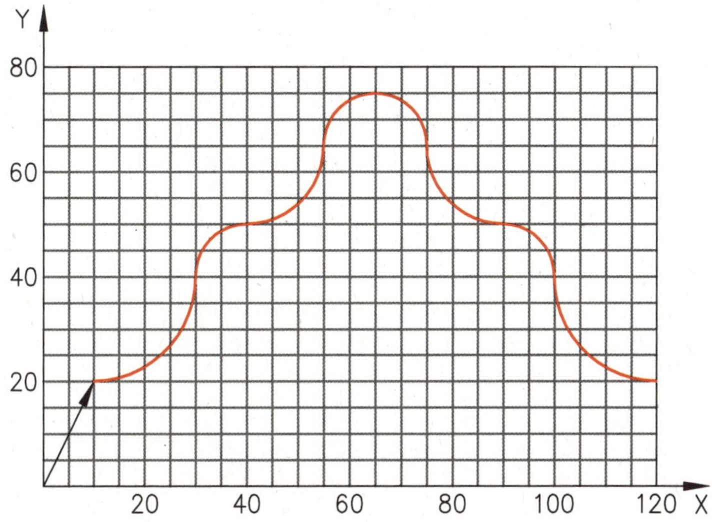

N	G	X	Y	Z	I	J
N1						
N2						
N3						
N4						
N5						
N6						
N7						
N8						
N9						
N10						
N11						

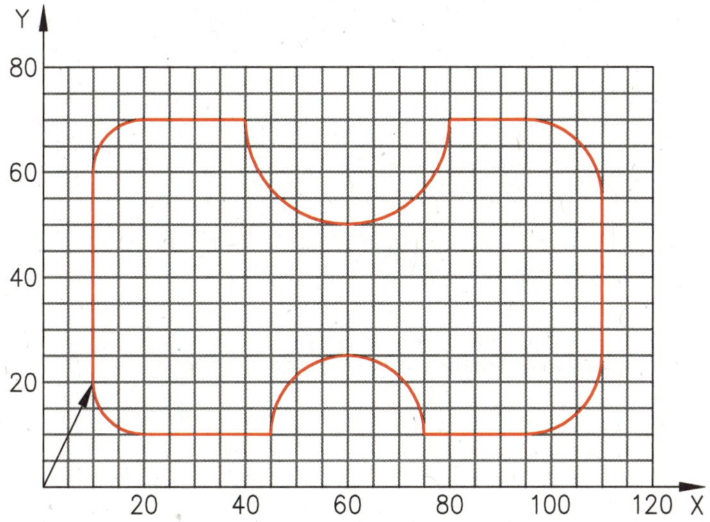

N	G	X	Y	Z	I	J
N1						
N2						
N3						
N4						
N5						
N6						
N7						
N8						
N9						
N10						
N11						
N12						
N13						
N14						
N15						
N16						

C Programmierübung ohne Werkzeugbahnkorrektur

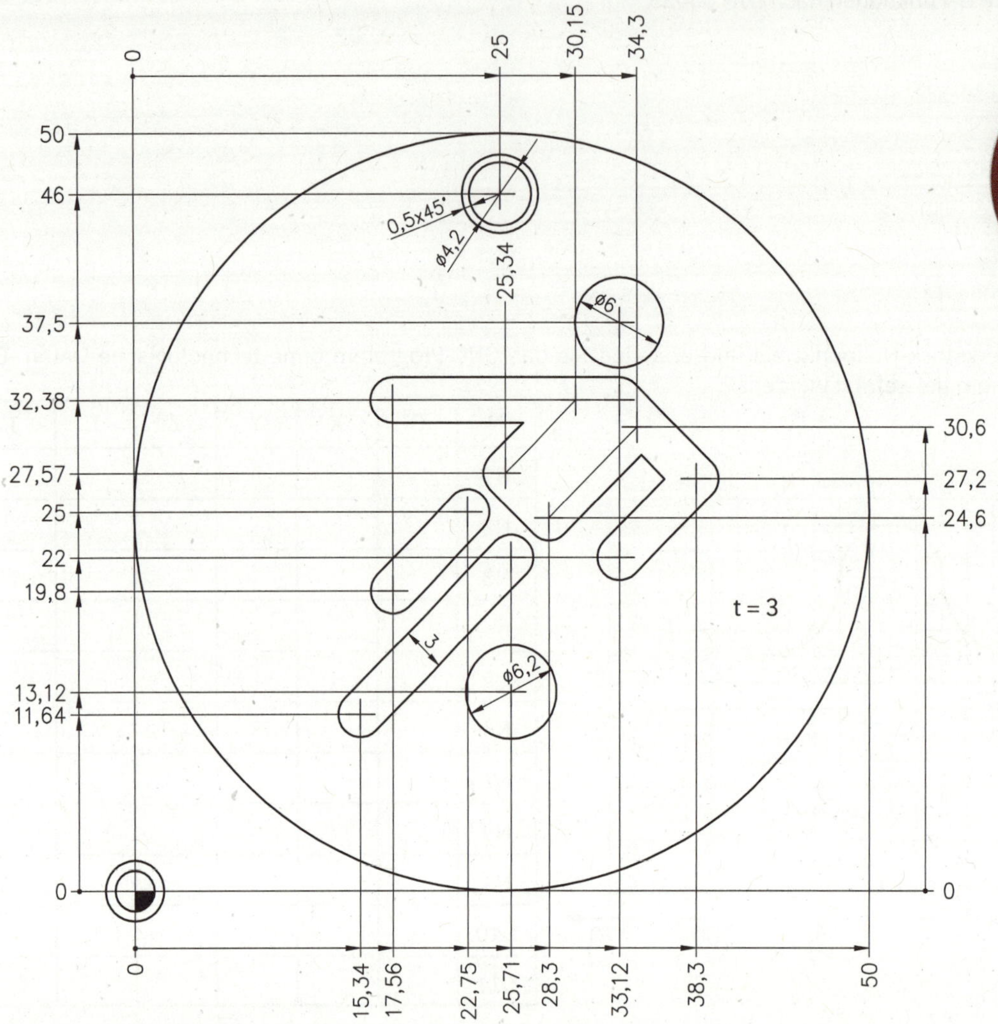

① Das abgebildete Piktogramm soll in Al-Scheiben oder in 2-farbigen Kunststoff ø 50 x 3 gefräst werden.
Erstellen Sie das CNC-Programm nach DIN PAL für eine Frästiefe von 0,5 mm.
Verwenden Sie die Werkzeuge von Seite 119.
Programm Nr. %10

Anbohren und Senken in einem Arbeitsgang

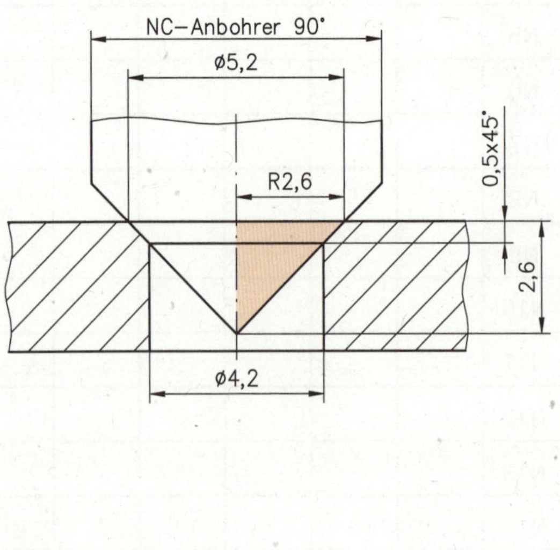

② Die nebenstehende Zeichnung beinhaltet folgende Vorgaben:
Bohrung ø 4,2
Senkung 0,5 x 45°
Welche Arbeitsschritte sind dazu erforderlich?

1. ______________________________

2. ______________________________

3. ______________________________

Programm-Nr.:

N	G	X	Y	Z	I	J	T	F	S	M
N1										
N2										
N3										
N4										
N5										
N6										
N7										
N8										
N9										
N10										
N11										
N12										
N13										
N14										
N15										
N16										
N17										
N18										
N19										
N20										
N21										
N22										
N23										
N24										
N25										
N26										
N27										
N28										
N29										
N30										
N31										
N32										
N33										
N34										
N35										
N36										
N37										
N38										
N39										
N40										
N41										
N42										

D Werkzeugbahnkorrektur

Beim Fräsen von Außen- und Innenkonturen kann die fertige Werkstückform programmiert werden. Dazu wird die Fräserradiuskorrektur G41 oder G42 verwendet. Das Werkzeug bewegt sich dann im Abstand *R* um die programmierte Kontur, Äquidistante genannt. Das An- und Abfahren kann linear tangential G45/G46 oder tangential im Viertelkreis G47/G48 erfolgen. Gelöscht wird die Fräserradiuskorrektur mit G40.

① Geben Sie die G-Funktionen für den Aufruf der Bahnkorrektur in diesem Beispiel an. Das Anfahren und Wegfahren soll linear tangential erfolgen.

② Zeichnen Sie die Verfahrwege und die Äquidistante (Fräsermittelpunktsbahn) in die Zeichnung ein. Das Werkzeug wird bei P0 positioniert und hat den ersten Konturpunkt bei P1.

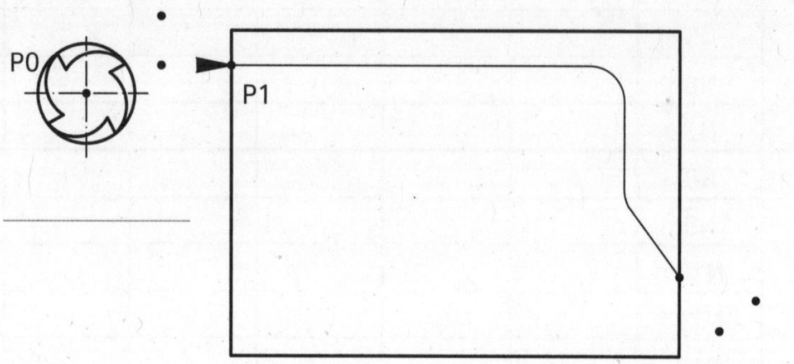

③ Geben Sie auch bei dieser Aufgabe die G-Funktionen der Bahnkorrektur an. Das Anfahren und Wegfahren erfolgt hier im Viertelkreis. Zeichnen Sie die Verfahrwege und die Äquidistante ein.

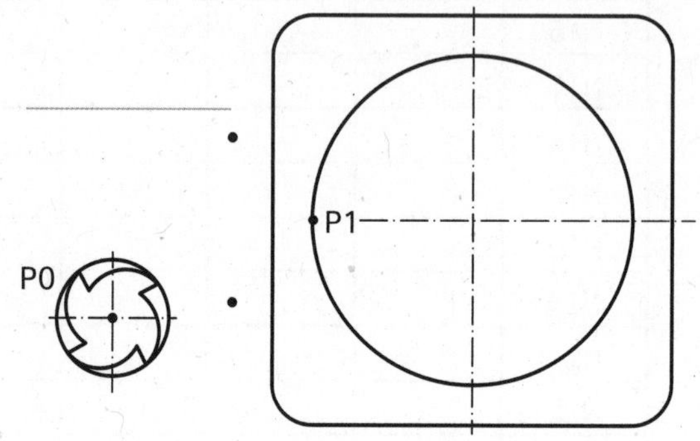

E Programmierübung mit Werkzeugbahnkorrektur

Die Kontur des Werkstücks aus S235JR soll mit Bahnkorrektur im Gleichlauf gefräst werden.

① Zeichnen Sie den Werkstück-Nullpunkt in die Zeichnung ein.

② Tragen Sie die Koordinaten XYZ und IJK in die Zeichnung ein.

③ Verwenden Sie den geeigneten Fräser von Seite 119 und berechnen Sie Drehzahl und Vorschub.

④ Erstellen Sie das CNC-Programm nach DIN PAL mit dem ersten Konturpunkt bei P1.

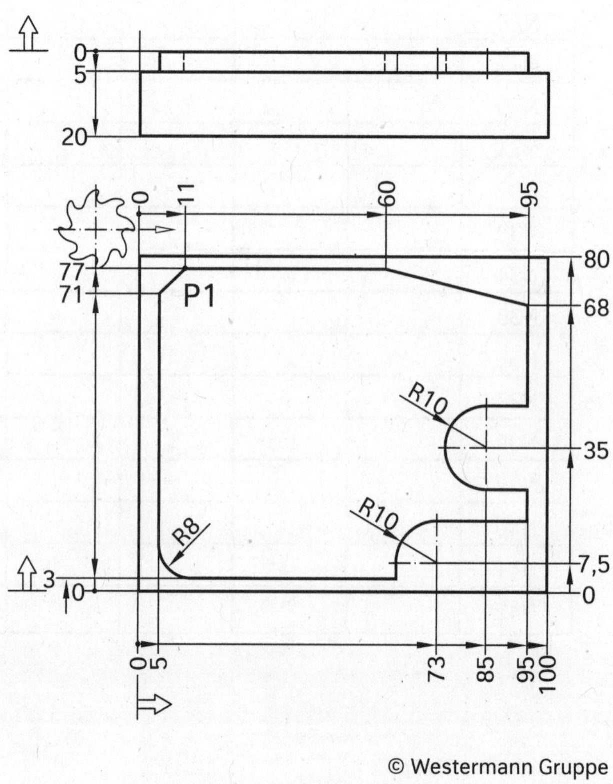

% 20

N	G	X	Y	Z	I	J	T	F	S	M
N1										
N2										
N3										
N4										
N5										
N6										
N7										
N8										
N9										
N10										
N11										
N12										
N13										
N14										
N15										
N16										
N17										
N18										
N19										
N20										
N21										
N22										
N23										

F Werkzeugspeicher

Die Korrekturwerte der Werkzeuge für Länge und Radius werden im Werkzeugspeicher abgelegt. In diesem Beispiel wird T2 als Nullwerkzeug gewählt.
Tragen Sie die Korrekturwerte dazu in die Tabelle ein.

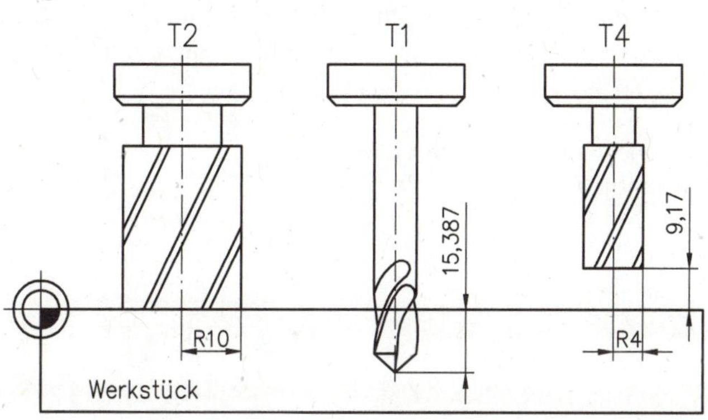

T2	R	L
T1	R	L
T4	R	L

Das Werkstück von Seite 110 soll auf einer CNC-Fräsmaschine hergestellt werden. Bearbeiten Sie die Lernsituation und erstellen Sie das CNC-Programm nach DIN PAL. Verwenden Sie eine geeignete Simulationssoftware. Wenn möglich, übersetzen Sie das Programm für eine vorhandene Maschinensteuerung und fertigen Sie das Werkstück. Gehen Sie bei der Planung von einer Fertigungszahl von 100 Stück aus.

Informieren/orientieren Sie sich, indem Sie ...
- sich mit der Zeichnung vertraut machen,
- sich mit dem Werkstoff beschäftigen,
- sich einen Überblick über die vorhandene Programmiersoftware verschaffen,
- sich über die Programmierung von Zyklen informieren.

Planen/entscheiden Sie, indem Sie ...
- fehlende Maße berechnen,
- den Werkstück-Nullpunkt auswählen,
- einen Arbeitsplan erstellen,
- Werkzeuge auswählen,
- Schnittdaten auswählen und berechnen,
- das Einspannen des Werkstücks überlegen,
- den Startpunkt für die Außen- und Innenkontur festlegen,
- die Fräsrichtung bestimmen.

Führen Sie den Auftrag aus, indem Sie ...
- das CNC-Programm erstellen,
- das Programm mit Kommentaren erläutern,
- das Programm in die Programmiersoftware eingeben,
- das Programm simulieren,
- das Programm für eine vorhandene Maschinensteuerung übersetzen.

Kontrollieren Sie, indem Sie ...
- das Programm testen,
- mögliche Fehler korrigieren,
- Verbesserungen überlegen,
- das Programm optimieren.

Bewerten und dokumentieren/präsentieren Sie, indem Sie ...
- die gesamte Fertigung kritisch überprüfen,
- das ursprüngliche und das optimierte Programm vergleichen,
- die Ergebnisse mit anderen Schülern austauschen,
- die CNC-Fertigung mit der Fertigung auf einer konventionellen Fräsmaschine vergleichen.

Information

Programmieren mit Zyklen

Das Programmieren mit Zyklen vereinfacht die Programmerstellung. Für ausgewählte Formen sind festgelegte Abläufe von Einzelschritten in Zyklen definiert. Für die Ausführung eines Zyklus sind in der Regel 3 bis 4 Sätze notwendig:

a) Technologische Daten des Werkzeugs bestimmen.
b) Zyklus-Definition (z.B. Beschreibung der Tasche G72, Bohrung G81 oder Nut G74).
c) Zyklus-Aufruf (z.B. auf einem Punkt G79, auf einer Geraden G76, auf einem Teilkreis G77).
d) Freifahren zum Werkzeugwechsel.

Erstellen Sie das CNC-Programm nach DIN PAL für das abgebildete Werkstück aus S235JR. Programmieren Sie Fräs- und Bohrzyklen und ergänzen Sie den jeweiligen Satz mit einem Kommentar. Die Bohrungen sind nur anzubohren. Verwenden Sie die Werkzeuge von Seite 119.

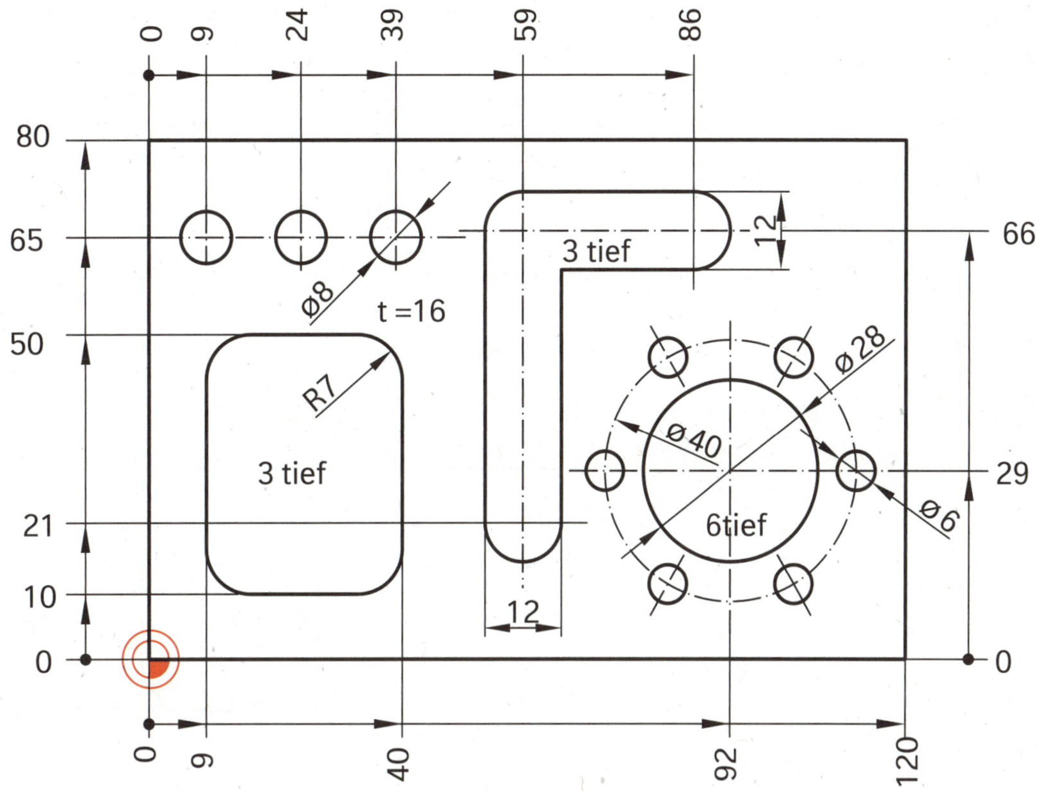

Zyklen

N	CNC-Programm	Kommentar
N1		Nullpunktverschiebung
N2		Technolog. Daten Langlochfräser ø10
N3		Zyklus Rechtecktasche
N4		Zyklusaufruf auf einem Punkt
N5		
N6		
N7		
N8		
N9		
N10		
N11		
N12		
N13		
N14		
N15		
N16		
N17		
N18		

Planung

Das abgebildete Frästeil soll aus AlCuMgPb hergestellt werden. Die Maße des Werkstücks betragen 100 x 80 x 16.
Bestimmen Sie den Werkstück-Nullpunkt und zeichnen Sie das Symbol in die Zeichnung ein.

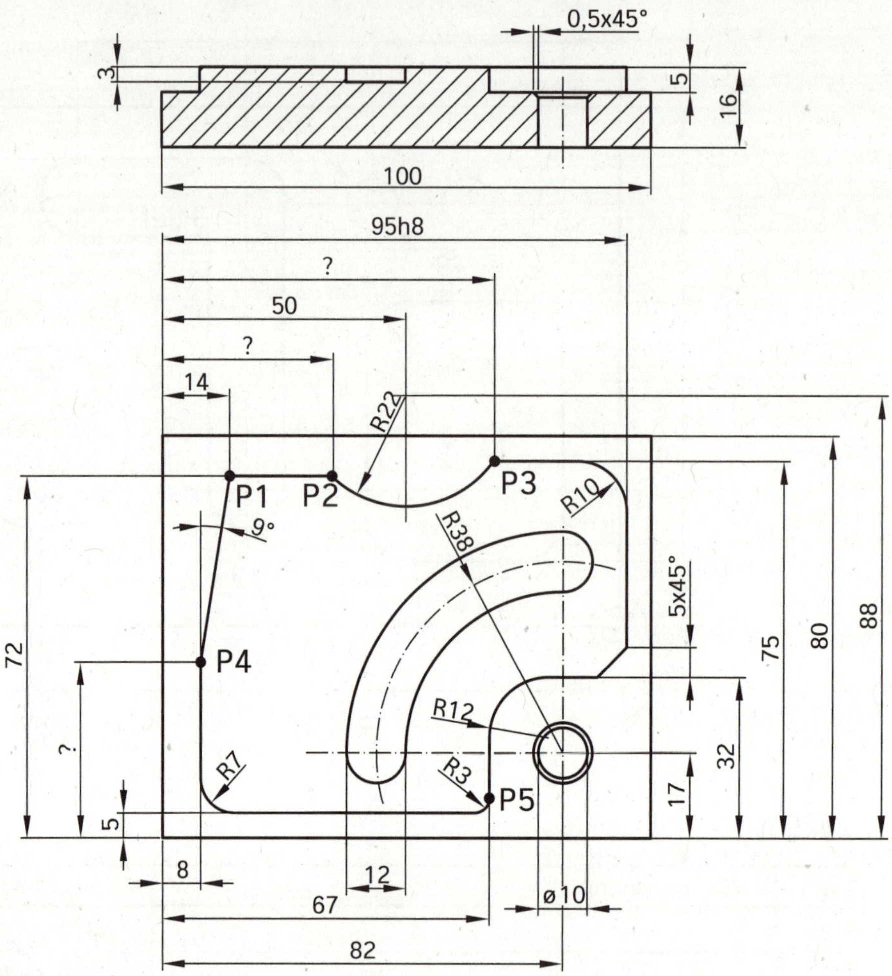

A Konturpunktberechnung

① Berechnen Sie die Konturpunkte P2, P3 und P4.

P2	P3	P4

② Berechnen Sie das Programmiermaß für das Passmaß 95h8.

B Arbeitsplan mit Schnittdaten

① Bestimmen Sie die Arbeitsfolge und wählen Sie die zu verwendenden Werkzeuge aus (siehe Seite 119).

② Berechnen Sie Drehzahl und Vorschub der ausgewählten Werkzeuge.

Arbeitsplan

Nr.	Arbeitsfolge	Werkzeug	Drehzahl	Vorschub
1				
2				
3				
4				
5				
6				
7				
8				
9				
10				
11				

③ Was muss beim Eintauchen des Langlochfräsers beachtet werden?

C Einspannen

① Für welche Spannungsart entscheiden Sie sich und welche Hilfsmittel sind dazu erforderlich?

② Welche Regeln sind beim Spannen des Werkstücks zu beachten?

D Planung der Programmierung

① Welches Fräsverfahren bevorzugen Sie und warum?

② Bestimmen Sie einen Startpunkt für die Außen- und die Innenkontur und begründen Sie Ihre Auswahl.

Außenkontur bei: ______ Innenkontur (Nut) bei: ______

Begründung:

Ausführung

① Erstellen Sie das CNC-Programm nach DIN PAL mit Geraden- und Kreisinterpolation **ohne Verwendung von Zyklen** und ergänzen Sie das Programm durch einen Kommentar, der den jeweiligen Satz erläutert.

N	G	X	Y T	Z F	I S	J M	Kommentar
N1							
N2							
N3							
N4							
N5							
N6							
N7							
N8							
N9							
N10							
N11							
N12							
N13							
N14							
N15							
N16							
N17							
N18							
N19							
N20							
N21							
N22							
N23							
N24							
N25							
N26							
N27							
N28							
N29							
N30							
N31							
N32							
N33							
N34							
N35							
N36							
N37							
N38							
N39							
N40							
N41							
N42							
N43							
N44							
N45							

Kontrolle

① Simulieren Sie das Programm und vergleichen Sie das Werkstück mit der Zeichnung.

② Notieren Sie die Fertigungszeit: ____________________

③ Überlegen Sie Möglichkeiten, das Programm zu optimieren.
Vorschläge:

____

____

____

____

____

____

____

④ Optimieren Sie das Programm, indem Sie einige Ihrer Vorschläge berücksichtigen.

N	G	X	Y T	Z F	I S	J M				Kommentar
N1										
N2										
N3										
N4										
N5										
N6										
N7										
N8										
N9										
N10										
N11										
N12										
N13										
N14										
N15										
N16										
N17										
N18										
N19										
N20										
N21										
N22										
N23										
N24										
N25										
N26										
N27										
N28										
N29										
N30										
N31										

Bewertung

① Simulieren Sie das optimierte Programm und prüfen Sie den Fertigungsablauf.

② Vergleichen Sie den Programmieraufwand von beiden Programmen.

Ergebnis: ____________________

____

③ Notieren Sie die Fertigungszeiten und berechnen Sie die Zeitersparnis für die Fertigungszeit in Prozent.

Fertigungszeit vorher (vgl. Kontrolle (2)): __________

Fertigungszeit optimiert: __________

Zeitersparnis in Sekunden __________

Zeitersparnis in Prozent

____

____

____

____

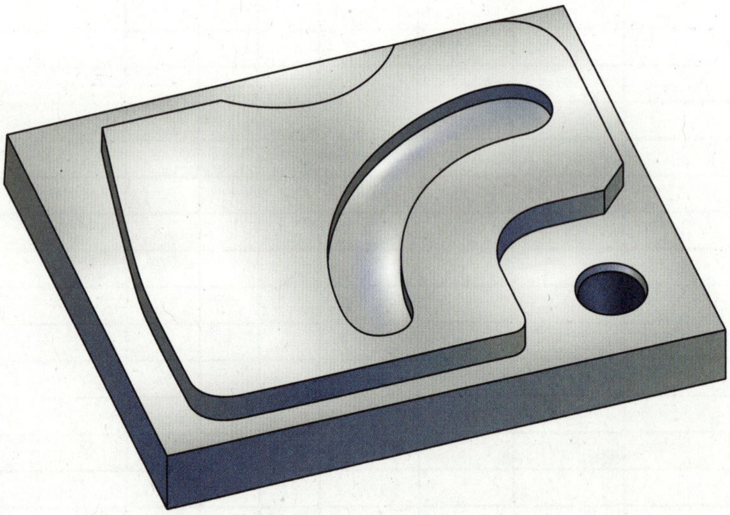

In den Zeichnungen auf S. 115 und 116 sind Rückseite und Vorderseite der Uhr im Foto dargestellt und die Aufgaben beschrieben. Im Fachhandel ist dazu ein passendes Uhrwerk erhältlich.

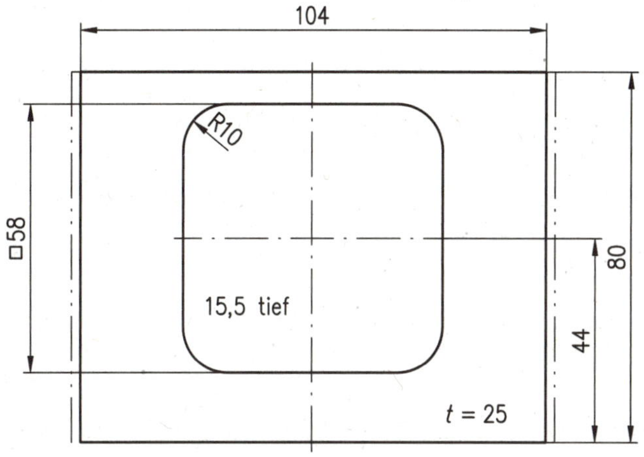

Vom Projekt Uhr soll zuerst die Rückseite gefertigt werden. Das Rohteil aus AlMg-Legierung misst 80 x 25 mm und ist auf die Länge von 107 mm gesägt.
Das Werkstück soll möglichst in einer Aufspannung auf die Länge von 104 mm beidseitig gefräst werden und eine Rechtecktasche erhalten.

Der Schraubstock darf eine maximale Backenbreite von 100 mm haben.

① Zeichnen Sie den Werkstück-Nullpunkt ein.

② Wählen Sie entsprechende Werkzeuge (vgl. S. 119) und berechnen Sie Drehzahl und Vorschub.

③ Erstellen Sie das CNC-Programm nach DIN PAL.

CNC-Programm Rückseite Uhr

N	G	X	Y	Z	T	F	S	M		
N1										
N2										
N3										
N4										
N5										
N6										
N7										
N8										
N9										
N10										
N11										
N12										
N13										
N14										
N15										
N16										
N17										
N18										
N19										
N20										
N21										

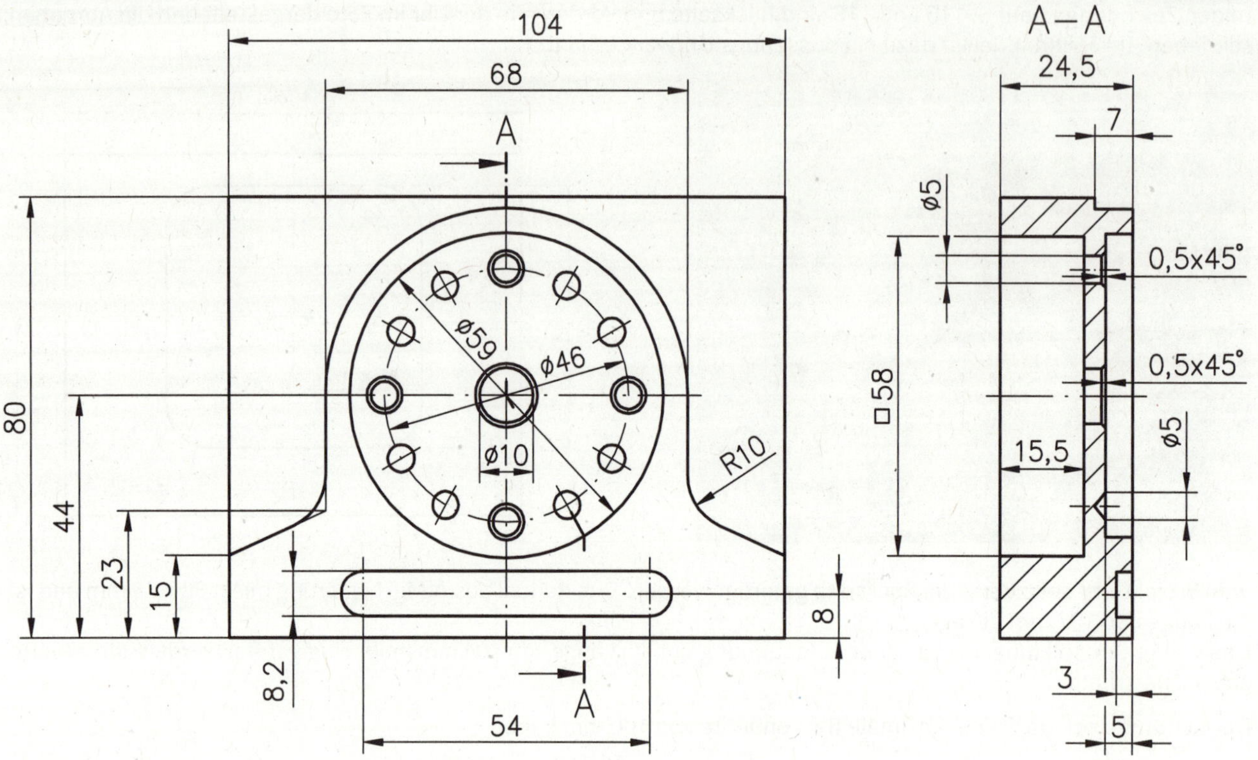

Nach dem Fräsen der Länge und der Rechtecktasche wird das Werkstück umgespannt und die Vorderseite gefertigt.

④ Zeichnen Sie den Werkstück-Nullpunkt ein.
⑤ Schreiben Sie den Arbeitsplan.
⑥ Wählen Sie entsprechende Werkzeuge (vgl. S. 119) und berechnen Sie Drehzahl und Vorschub.
⑦ Erstellen Sie das CNC-Programm nach DIN PAL.

Arbeitsplan Vorderseite Uhr

Nr.	Arbeitsfolge	Werkzeuge
1		
2		
3		
4		
5		
6		
7		
8		
9		
10		
11		
12		
13		
14		
15		
16		

CNC-Programm Vorderseite Uhr

N	G	X	Y	Z	I	J	T	F	S	M
N1										
N2										
N3										
N4										
N5										
N6										
N7										
N8										
N9										
N10										
N11										
N12										
N13										
N14										
N15										
N16										
N17										
N18										
N19										
N20										
N21										
N22										
N23										
N24										
N25										
N26										
N27										
N28										
N29										
N30										
N31										
N32										
N33										
N34										
N35										
N36										
N37										
N38										
N39										
N40										
N41										
N42										
N43										
N44										
N45										
N46										
N47										
N48										
N49										

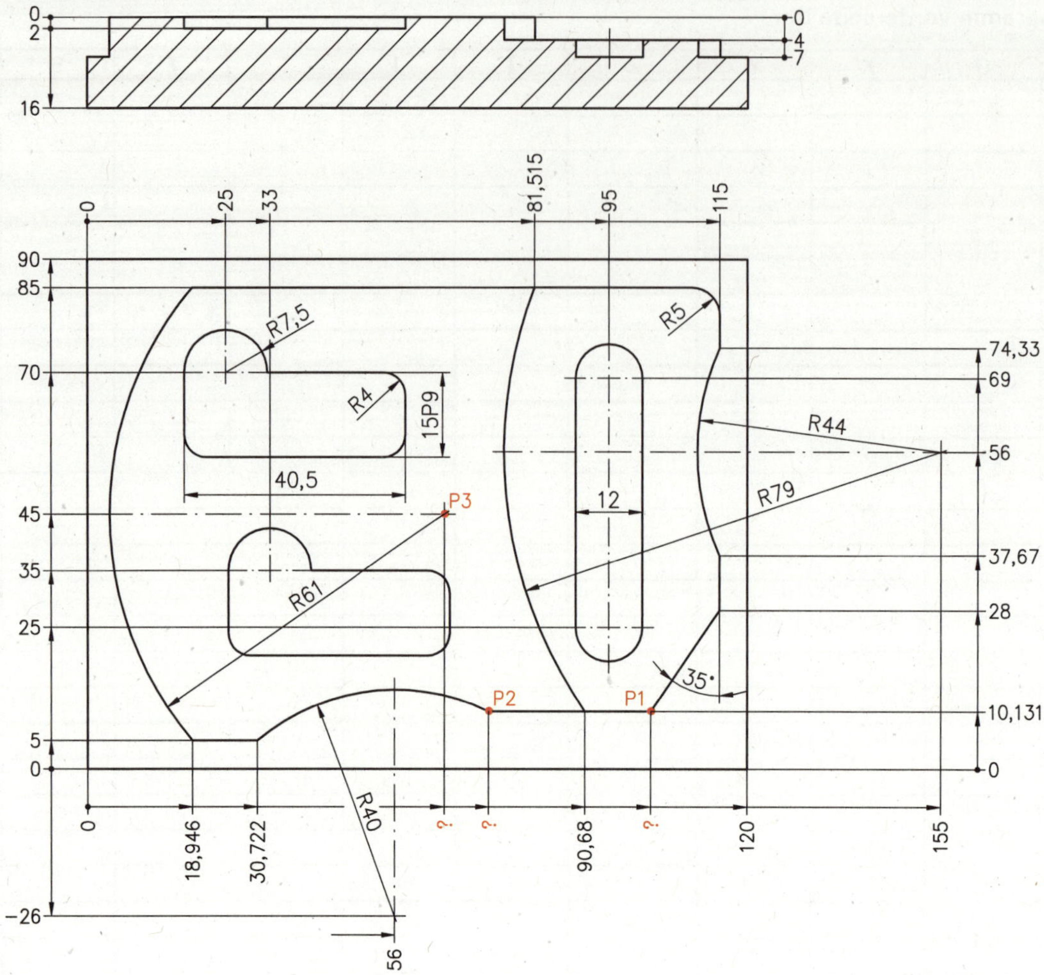

Das abgebildete Werkstück aus S235JR soll auf einer CNC-Fräsmaschine im Gleichlauf gefräst werden.

① Berechnen Sie die fehlenden X-Koordinaten von P1, P2 und P3. (Eintrag auf S. 117 oben)
② Ermitteln Sie das zu programmierende Maß für das Passmaß 15P9. (Eintrag auf S. 117 oben)
③ Schreiben Sie den Arbeitsplan (Tabelle dazu siehe S. 118).
④ Zeichnen Sie den Werkstück-Nullpunkt ein.
⑤ Erstellen Sie nach DIN PAL das CNC-Hauptprogramm %50 und für die Formtaschen ein Unterprogramm L10 (Tabelle dazu siehe S. 118).
Der Startpunkt soll bei P1 liegen.
Der Werkzeugwechsel soll bei Z100, X150 und Y-50 erfolgen.
⑥ Erläutern Sie den Aufruf und den Aufbau eines Unterprogramms.

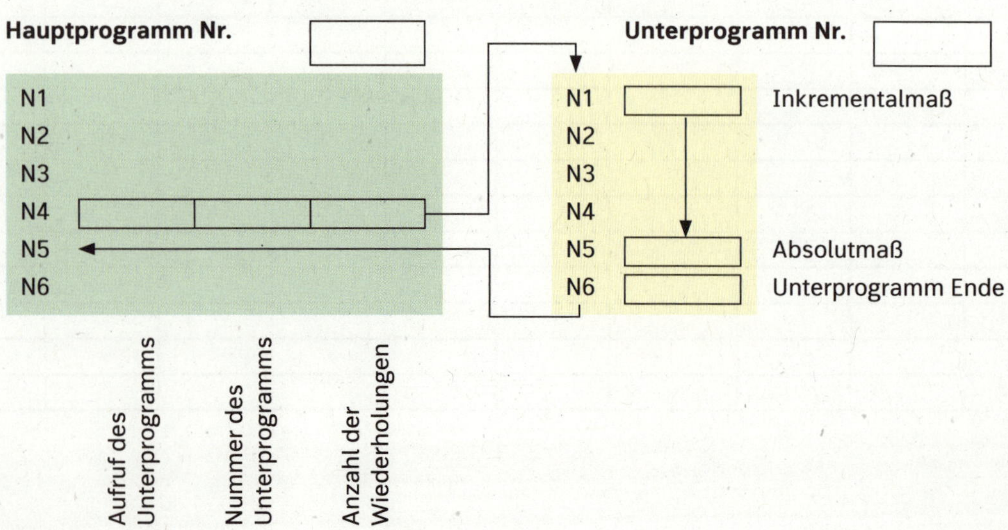

P1 X =

P2 X =

P3 X =

15P9 =

Programm-Nr.:

N	G	X	Y	Z	I	J	T	F	S	M
N1										
N2										
N3										
N4										
N5										
N6										
N7										
N8										
N9										
N10										
N11										
N12										
N13										
N14										
N15										
N16										
N17										
N18										
N19										
N20										
N21										
N22										
N23										
N24										
N25										
N26										
N27										
N28										
N29										
N30										
N31										
N32										
N33										
N34										

L10 (Unterprogramm)

N	G	X	Y	Z	I	J	T	F	S	M
N1										
N2										
N3										
N4										
N5										
N6										
N7										
N8										
N9										
N10										
N11										
N12										
N13										
N14										
N15										

Arbeitsplan

Nr.	Arbeitsfolge	Werkzeug
1		
2		
3		
4		
5		
6		
7		
8		
9		
10		
11		

A Werkzeuge und Schnittdaten

Technologische Daten

Werkzeug-Nr.	**T1**	**T2**	**T3**	**T4**	**T5**	**T6**
Benennung	NC-Anbohrer	Schaftfräser	Schaftfräser	Schaftfräser	Walzenstirnfr.	Langlochfr.
Durchmesser	12 mm	20 mm	18 mm	8 mm	100 mm	20 mm
Schneidstoff	HSS	HSS	HSS	HSS	HSS	HSS
Schnittgesch. S235JR	30 m/min	35 m/min	35 m/min	35 m/min	35 m/min	35 m/min
AlMg...	70 m/min	100 m/min	100 m/min	100 m/min	100 m/min	100 m/min
Schnitttiefe a_p max.		8 mm	8 mm	2,5 mm		3 mm
Anzahl der Schneiden		5/3	5/3	4/3	8/4	3
Vorschub	0,18 mm/U	0,05 mm/Z	0,05 mm/Z	0,05 mm/Z	0,05 mm/Z	0,05 mm/Z

Technologische Daten

Werkzeug-Nr.	**T7**	**T8**	**T9**	**T10**	**T11**	**T12**
Benennung	Langlochfr.	Langlochfr.	Langlochfr.	Spiralbohrer	Spiralbohrer	Spiralbohrer
Durchmesser	10 mm	6 mm	3 mm	10 mm	5 mm	4,2 mm
Schneidstoff	HSS	HSS	HSS	HSS	HSS	HSS
Schnittgesch. S235JR	35 m/min	35 m/min	35 m/min	30 m/min	30 m/min	30 m/min
AlMg...	100 m/min	100 m/min	100 m/min	70 m/min	70 m/min	70 m/min
Schnitttiefe a_p max.	3 mm	2,5 mm	1,5 mm			
Anzahl der Schneiden	2	2	2			
Vorschub	0,04 mm/Z	0,02 mm/Z	0,01 mm/Z	0,20 mm/U	0,12 mm/U	0,10 mm/U

Die maximale Drehzahl der Maschine beträgt 4 000 U/min.

B Formeln zur Berechnung von Drehzahl und Vorschubgeschwindigkeit

Tragen Sie die Formeln für die Schnittdaten in die Kästchen ein und erläutern Sie die Formelzeichen.

Schnittgeschwindigkeit

Drehzahl

Vorschubgeschwindigkeit beim Fräsen

v_c ______

d ______

n ______

v_f ______

f_z ______

z ______

A Übungen mit Koordinaten

Tragen Sie die Koordinatenpunkte entsprechend dem Werkstück-Nullpunkt in die Tabelle ein. Beachten Sie dabei, dass die X-Koordinate immer im Durchmesser angegeben wird.

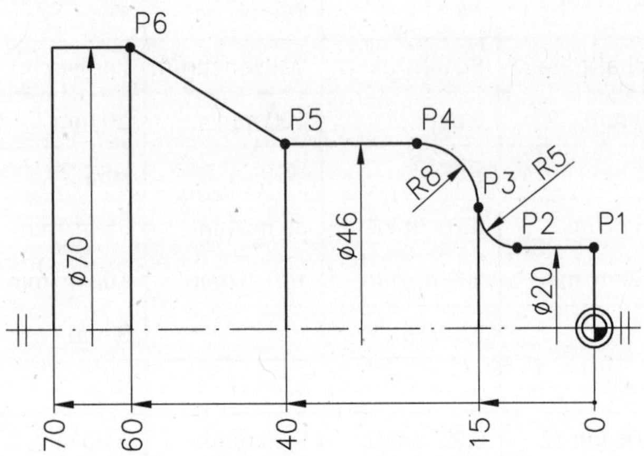

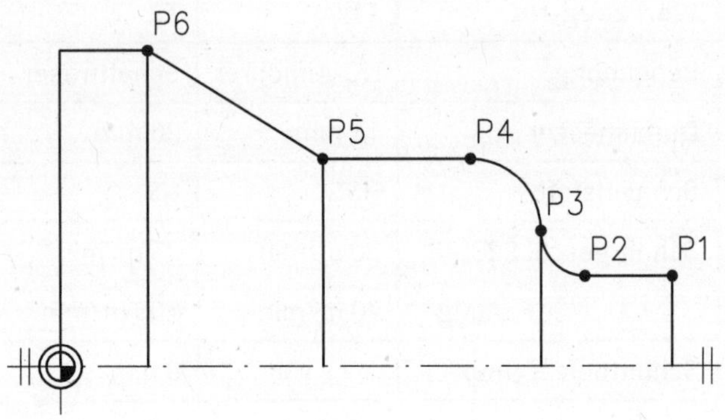

	G	X	Z	I	K
P1					
P2					
P3					
P4					
P5					
P6					

	G	X	Z	I	K
P1					
P2					
P3					
P4					
P5					
P6					

B Werkzeuge und Schnittdaten

Technologische Daten für Stähle mit niedriger Festigkeit

Richtwerte

Werkzeugnummer	**T1**	**T2**	**T3**	**T4**
Benennung	Drehmeißel Außen-Schrupp	Drehmeißel Außen-Schlicht	Drehmeißel Innen-Schrupp	Drehmeißel Innen-Schlicht
Plattenwinkel	80°	55°	80°	55°
Schneidenradius	0,8 mm	0,4 mm	0,8 mm	0,4 mm
Schnittgeschw. v_c	200 m/min	250 m/min	180 m/min	200 m/min
Schnitttiefe a_p max	5 mm	0,5 mm	3 mm	0,5 mm
Vorschub	0,3 mm/0,6 mm	0,1 mm/0,2 mm	0,2 mm/0,4 mm	0,1 mm/0,2 mm

Werkzeugnummer	**T5**	**T6**	**T7**	**T8**
Benennung	Vollbohrer	Gewindedrehmeißel Außen rechts	Stechmeißel Außen links	Stechmeißel Innen links
Maße	ø 25 mm	P 1,5 mm	3 mm	2 mm
Schnittgeschw. v_c	160 m/min	100 m/min	120 m/min	120 m/min
Vorschub	0,14 mm		0,1 mm	0,1 mm

Die maximale Drehzahl des Futters beträgt 5000 1/min.

C Nullpunktverschiebung

Die absolute Nullpunktverschiebung wird mit G54 bis G57 in die Steuerung eingegeben, sie wird mit G53 aufgehoben. Außerdem gibt es die inkrementale Nullpunktverschiebung und Drehung mit G58 und G59, gelöscht werden diese mit G50.

① Zeichnen Sie den Maschinen-Nullpunkt und den Werkstück-Nullpunkt in die Zeichnung ein.

② Zeichnen Sie die erste Nullpunktverschiebung G54 in die Zeichnung ein.

③ Welchen Wert hat die Nullpunktverschiebung im abgebildeten Beispiel?

X: ________ Z: ________

④ Welchen Vorteil bietet die Nullpunktverschiebung?

____

____

____

____

____

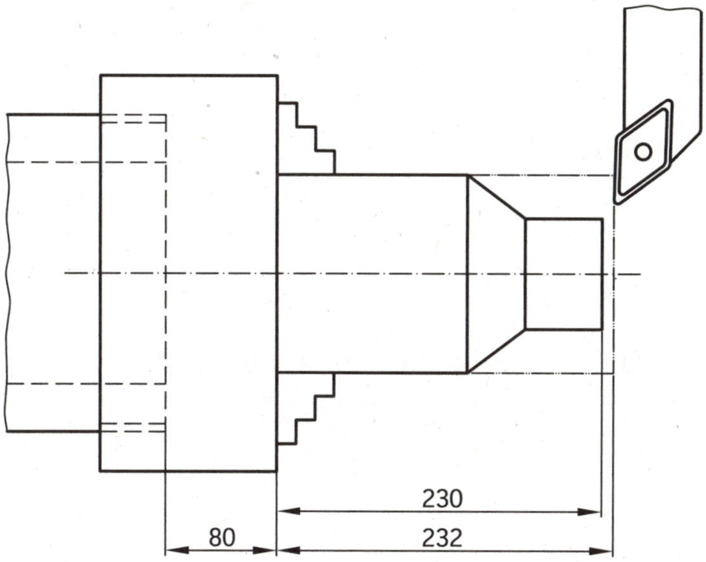

⑤ Beschreiben Sie, wie der Steuerung die Nullpunktverschiebung für die oben abgebildete Aufgabe eingegeben wird.

____

____

____

⑥ Ist das Werkzeug nicht vermessen und sind keine Korrekturwerte im Werkzeugspeicher eingetragen, kann die Nullpunktverschiebung bzw. der Werkstücknullpunkt auch mit einem Endmaß ermittelt werden.
Welcher Wert wird im Beispiel unten für den Werkstücknullpunkt in die Steuerung eingegeben?

____

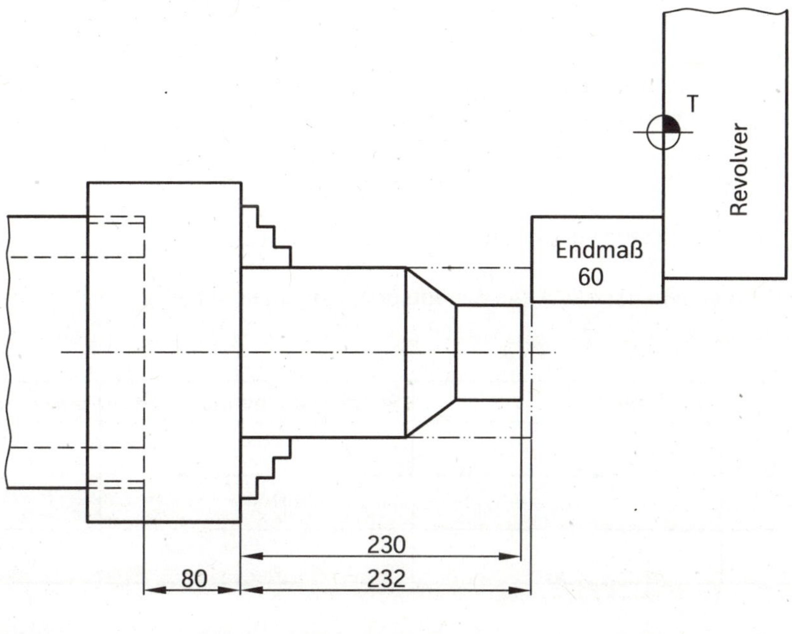

D G-Funktionen

Beim CNC-Drehen gelten die gleichen G- und M-Funktionen wie beim CNC-Fräsen. Zusätzlich gibt es Funktionen, die fast ausschließlich beim Drehen Anwendung finden.
Erläutern Sie folgende Funktionen nach DIN PAL:

G92 ______________________

G94 ______________________

G95 ______________________

G96 ______________________

G97 ______________________

G14 ______________________

E Programmierübung mit Abspanzyklus

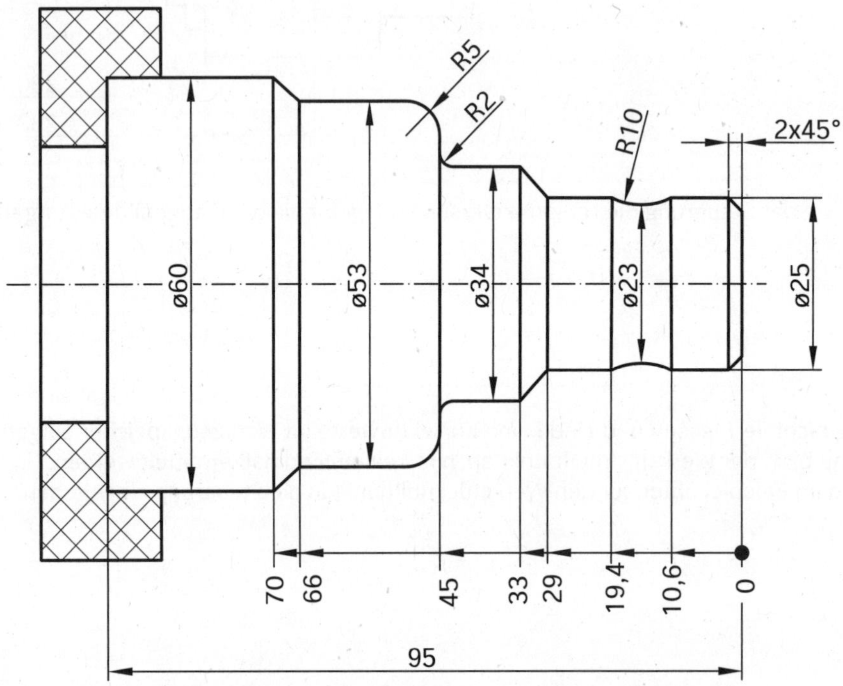

Zentrierbolzen
Das abgebildete Werkstück aus C45 soll auf einer CNC-Drehmaschine gefertigt werden. Das Rohmaß beträgt ø 60 x 96. Die linke Planfläche ist bereits bearbeitet. Das Vordrehen soll im Abspanzyklus mit einer Schnitttiefe von 2,5 mm und einem Aufmaß von 0,5 mm am Durchmesser und 0,1 mm an den Planflächen erfolgen. Die maximale Drehzahl soll auf 2500 1/min begrenzt werden.

① Zeichnen Sie den Werkstück-Nullpunkt ein.

② Wählen Sie die geeigneten Werkzeuge und Schnittdaten (vgl. S. 120).

③ Erstellen Sie das CNC-Programm nach DIN PAL mit entsprechendem Kommentar.

Arbeitsschritte:

	Drehmeißel	Schnittgeschwindigkeit	Vorschub
Plandrehen			
Vordrehen			
Fertigdrehen			

CNC-Programm Zentrierbolzen

N	G	X	Z	T	F	S	M				Kommentar
N1											
N2											
N3											
N4											
N5											
N6											
N7											
N8											
N9											
N10											
N11											
N12											
N13											
N14											
N15											
N16											
N17											
N18											
N19											
N20											
N21											
N22											
N23											
N24											
N25											
N26											
N27											

F Schneidenradiuskorrektur

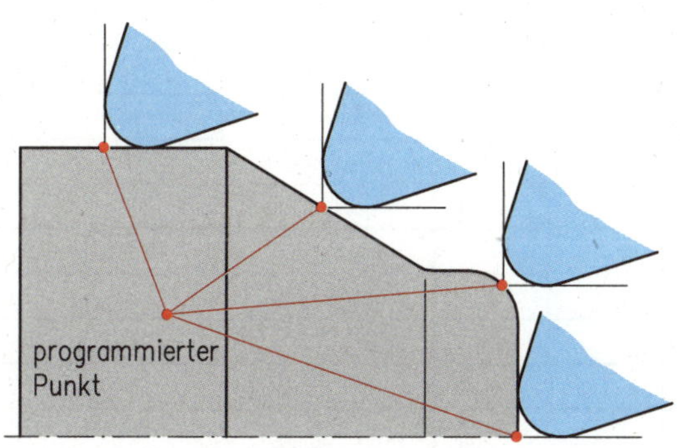

Beim CNC-Drehen wird die theoretische Meißelspitze programmiert, obwohl stets ein Schneidenradius zwischen 0,4 und 1,6 mm vorhanden ist. Daher ergeben sich

Ungenauigkeiten beim ______________________ und

beim Drehen von ____________________ (siehe Skizze).

Beim Längs- und Plandrehen entsteht dieser Fehler nicht.

Allerdings muss beim Plandrehen __________________

zugestellt werden, damit kein Zapfen stehen bleibt.

Durch ______________________________________ gleicht die Steuerung diese Ungenauigkeiten aus.

Dazu ist der Aufruf G41: ________________ oder G42: __________________

erforderlich. Außerdem muss im Werkzeugspeicher der Schneidenradius eingegeben werden.

Gelöscht wird die Schneidenradiuskorrektur mit __________.

G Programmierübung mit Gewinde

Der **Achsbolzen** soll aus 37Cr4 gefertigt werden. Die Abmaße betragen ø 60 x 91. Die linke Planfläche ist bereits bearbeitet. Programmieren Sie das Schruppen im Längsschruppzyklus mit einem Aufmaß von 0,5 mm am Durchmesser und 0,1 mm an den Planflächen. Die Drehzahl soll auf 2500 1/min begrenzt werden.

① Zeichnen Sie den Werkstück-Nullpunkt ein.

② Erstellen Sie das CNC-Programm nach DIN PAL mit Kommentar.
- Programmieren Sie das Schlichten mit Schneidenradiuskorrektur.
- Beim Gewindeschneidzyklus muss die Drehzahl programmiert werden.

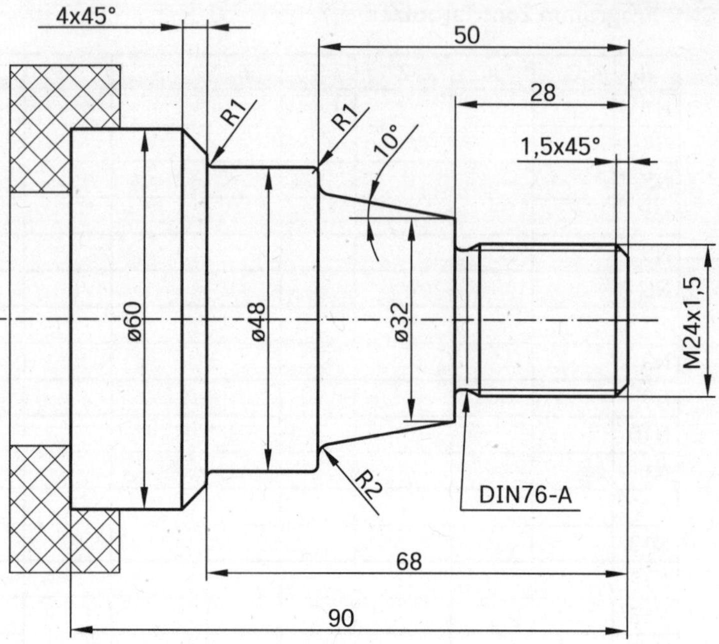

N	G	X	Z	T	F	S	M				Kommentar
N1											
N2											
N3											
N4											
N5											
N6											
N7											
N8											
N9											
N10											
N11											
N12											
N13											
N14											
N15											
N16											
N17											
N18											
N19											
N20											
N21											
N22											
N23											
N24											
N25											
N26											
N27											
N28											
N29											
N30											

H Programmierübung mit Rundungen

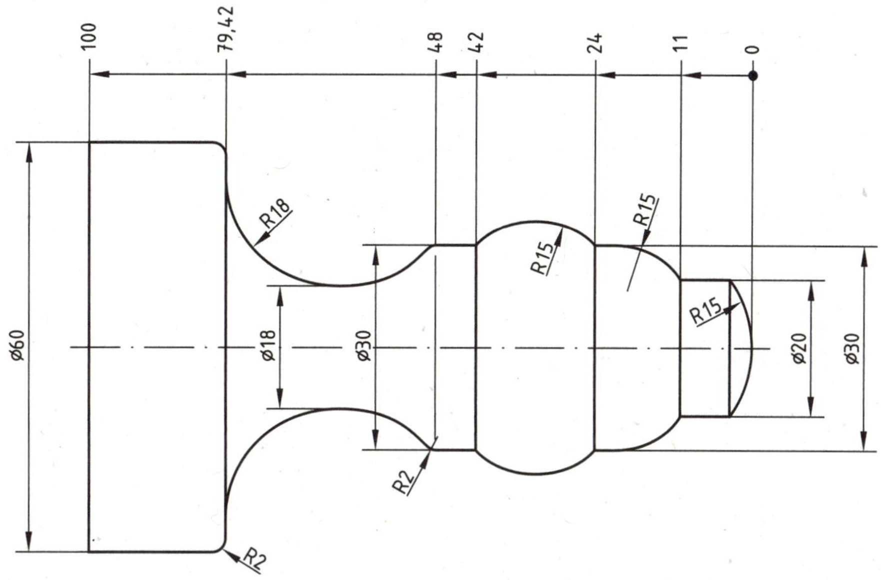

Anschlagrolle

Die oben gezeichnete Anschlagrolle soll aus Kunststoff (POM) gefertigt werden. Die Rohmaße betragen ⌀ 60 x 101, wobei die linke Planfläche bereits bearbeitet ist.

Die Drehzahl soll auf 2500 1/min begrenzt werden.

Erstellen Sie das CNC-Programm nach DIN PAL mit einem Längsschruppzyklus und einer Programmteilwiederholung mit Schlichten.

Verwenden Sie den Drehmeißel T2 von S. 120.

N	G	X	Z	I	K	R	T	F	S	M	H	D	AX	AZ
N1														
N2														
N3														
N4														
N5														
N6														
N7														
N8														
N9														
N10														
N11														
N12														
N13														
N14														
N15														
N16														
N17														
N18														
N19														
N20														
N21														
N22														
N23														
N24														
N25														

I Programmierübung mit Innendrehen und Stechzyklus

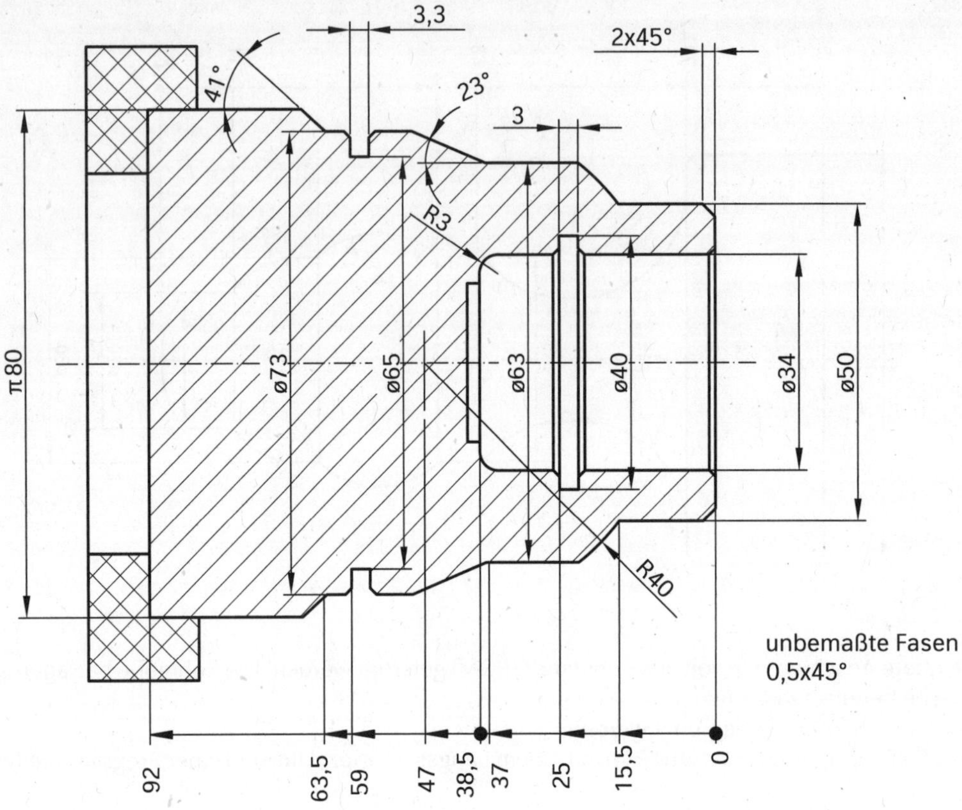

Führungsteil
Das abgebildete Werkstück aus Automatenstahl soll auf einer CNC-Drehmaschine gefertigt werden.
Die Rohmaße betragen: ø 80 x 93,5. Die eingespannte Seite ist bereits bearbeitet. Die Bohrtiefe soll 40 mm betragen, das Bohrerprofil darf im Werkstück verbleiben. Die Drehzahlbegrenzung liegt bei 2000 1/min.

① Zeichnen Sie den Werkstück-Nullpunkt ein.

② Erstellen Sie einen Arbeitsplan mit den erforderlichen Werkzeugen und Schnittdaten. Verwenden Sie die Werkzeuge und Schnittdaten S. 120 oder aus dem Tabellenbuch.

③ Erstellen Sie das CNC-Programm nach DIN PAL und kommentieren Sie die Sätze.

Arbeitsplan Führungsteil

Nr.	Arbeitsfolge	Werkzeug	Schnittgeschw.	Vorschub
1				
2				
3				
4				
5				
6				
7				
8				

CNC-Programm Führungsteil

N	G	X	Z	T	F	S	M			Kommentar
N1										
N2										
N3										
N4										
N5										
N6										
N7										
N8										
N9										
N10										
N11										
N12										
N13										
N14										
N15										
N16										
N17										
N18										
N19										
N20										
N21										
N22										
N23										
N24										
N25										
N26										
N27										
N28										
N29										
N30										
N31										
N32										
N33										
N34										
N35										
N36										
N37										
N38										
N39										
N40										
N41										
N42										
N43										
N44										
N45										
N46										
N47										
N48										
N49										

J Programmierübung Schachfigur

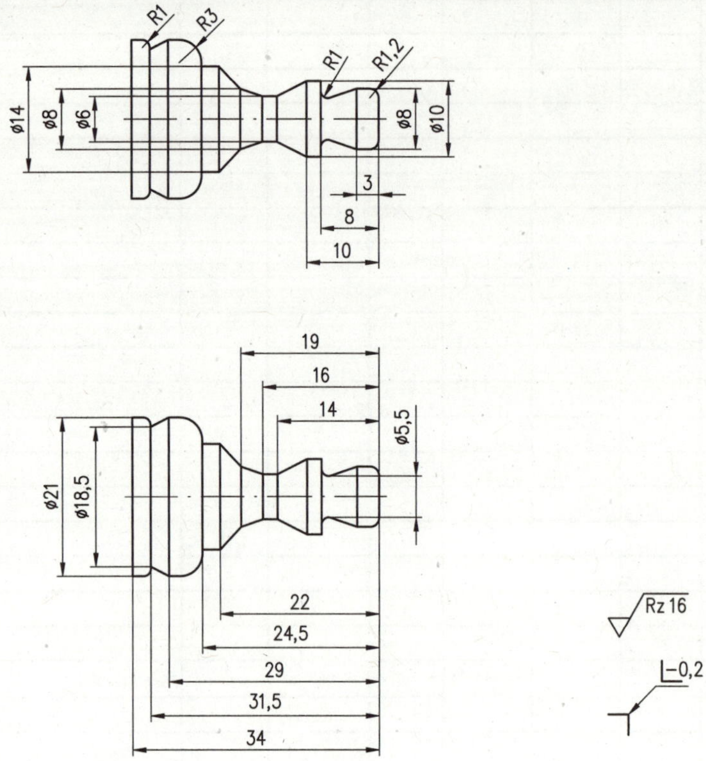

Schachfigur Bauer
Erstellen Sie das CNC-Programm für die gezeichnete Schachfigur nach DIN PAL.
Verwenden Sie als Werkstoff die sehr gut spanbare Aluminiumlegierung AlCuMgPb mit einem Durchmesser von 22 mm. Die Drehzahlbegrenzung soll 3000 1/min betragen.
Werkzeuge und Schnittdaten siehe S. 120 oder aus dem Tabellenbuch.

N1					
N2					
N3					
N4					
N5					
N6					
N7					
N8					
N9					
N10					
N11					
N12					
N13					
N14					
N15					
N16					
N17					
N18					
N19					
N20					

N21					
N22					
N23					
N24					
N25					
N26					
N27					
N28					
N29					
N30					
N31					
N32					
N33					
N34					
N35					
N36					
N37					
N38					
N39					
N40					

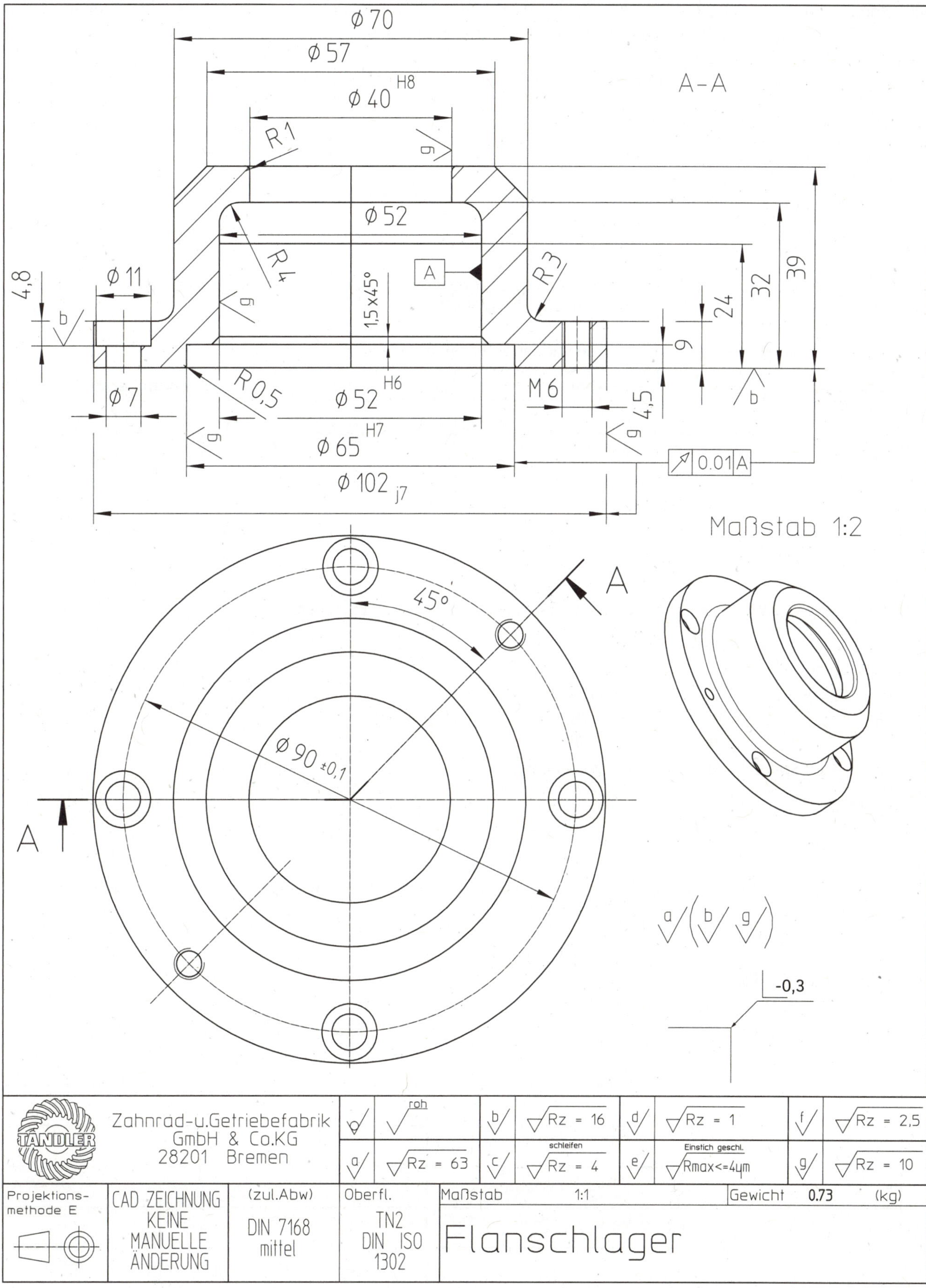

Zahnrad-u.Getriebefabrik GmbH & Co.KG 28201 Bremen		roh	b	Rz = 16	d	Rz = 1	f	Rz = 2,5
	a	Rz = 63	c	schleifen Rz = 4	e	Einstich geschl. Rmax<=4µm	g	Rz = 10

Projektions-methode E	CAD ZEICHNUNG KEINE MANUELLE ÄNDERUNG	(zul.Abw) DIN 7168 mittel	Oberfl. TN2 DIN ISO 1302	Maßstab 1:1	Gewicht 0.73 (kg)
				Flanschlager	

Beim Spiralkegelgetriebe S. 28 ist das Flanschlager (Pos. 3) defekt. Sie erhalten den Auftrag, an der CNC-Drehmaschine ein neues Flanschlager zu drehen. Bearbeiten Sie dazu folgende Aufgaben:

① Informieren Sie sich über das Spiralkegelgetriebe mithilfe der Gesamtzeichnung S. 28.

② Aus welchem Werkstoff soll das Flanschlager gefertigt werden?

____

③ Bestimmen Sie die Maße des Rohteils.

____

④ Arbeiten Sie sich in die Teilzeichnung ein. Beachten Sie besonders die Oberflächenzeichen, die Form- und Lage-toleranzen, die Passmaße und die Angabe zur Bearbeitung der Außenkanten.

⑤ Ermitteln Sie die Programmiermaße für die tolerierten Passmaße

Passmaß	Oberes Abmaß	Unteres Abmaß	Programmiermaß

⑥ Bestimmen Sie die Werkstück-Nullpunkte und tragen Sie diese in die Zeichnung ein.

⑦ Welche Seite des Werkstücks fertigen Sie zuerst? Begründen Sie Ihre Entscheidung.

____

____

____

⑧ Was ist beim Spannen des Werkstücks zu beachten?

1. Spannung: ______________________________

2. Spannung: ______________________________

⑨ Erstellen Sie den kompletten Arbeitsplan und tragen Sie die erforderlichen Arbeitsschritte mit ihren Werkzeugen und Schnittdaten in die Tabelle ein (siehe Daten S. 120).

Arbeitsplan Flanschlager

Nr.	Arbeitsfolge	Werkzeug	Schnittgeschw.	Vorschub
1				
2				
3				
4				
5				
6				
7				

Nr.	Arbeitsfolge	Werkzeug	Schnittgeschw.	Vorschub
8				
9				
10				
11				
12				
13				
14				
15				
16				
17				
18				

⑩ Erstellen Sie das CNC-Programm nach DIN PAL für das Flanschlager und geben Sie im Kommentar nur die Arbeitsfolge an.

CNC-Programm Flanschlager

N	G	X	Z	T	F	S	M	RN	Kommentar
N1									
N2									
N3									
N4									
N5									
N6									
N7									
N8									
N9									
N10									
N11									
N12									
N13									
N14									
N15									
N16									
N17									
N18									
N19									
N20									
N21									
N22									
N23									
N24									
N25									
N26									
N27									
N28									

N29									
N	**G**	**X**	**Z**	**T**	**F**	**S**	**M**	**RN**	**Kommentar**
N30									
N31									
N32									
N33									
N34									
N35									
N36									
N37									
N38									
N39									
N40									
N41									
N42									
N43									
N44									
N45									
N46									
N47									
N48									
N49									
N50									
N51									
N52									
N53									
N54									
N55									
N56									
N57									
N58									
N59									
N60									
N61									
N62									
N63									
N64									
N65									
N66									
N67									
N68									
N69									
N70									
N71									

⑪ Welche Möglichkeiten gibt es, das Werkstück mit den gezeichneten Bohrungen, Senkungen und Gewinden fertig zu bearbeiten?

Bildquellenverzeichnis

Bild und Technik, Michele Di Gaspare, Bergheim: alle weiteren Zeichnungen
Dorfner Schleifmittelwerk GmbH, Leonberg: 19, 22, 24
Dr. Johannes Heidenhain GmbH, Traureut: 98, 99
Frisch, Heinz, Königsbrunn: 43, 102, 113
Hoffmann GmbH Qualitätswerkzeuge, München: 25, 47
Knuth Werkzeugmaschinen GmbH, Wasbeck: 23
LFD Wälzlager GmbH, Dortmund: 55
Maschinenfabrik Berthold Hermle AG, Gosheim: 96
Renner, Erich, Günzburg: 9, 53, 54
TANDLER Zahnrad- und Getriebefabrik GmbH & Co KG, Bremen: 28, 29, 52, 129

Wir arbeiten sehr sorgfältig daran, für alle verwendeten Abbildungen die Rechteinhaberinnen und Rechteinhaber zu ermitteln. Sollte uns dies im Einzelfall nicht vollständig gelungen sein, werden berechtigte Ansprüche selbstverständlich im Rahmen der üblichen Vereinbarungen abgegolten.